新型波形钢腹板
支架结构的受力性能研究

吴丽丽　左建平　著

中国建筑工业出版社

图书在版编目（CIP）数据

新型波形钢腹板支架结构的受力性能研究/吴丽丽，
左建平著. —北京：中国建筑工业出版社，2019.10
　ISBN 978-7-112-24190-3

　Ⅰ. ①新… Ⅱ. ①吴… ②左… Ⅲ. ①腹板-钢结
构-支架-受力性能-研究　Ⅳ.①TU225

中国版本图书馆 CIP 数据核字（2019）第 202701 号

　　本书是作者多年的相关科研课题的总结，原创性高，观点新颖、独到。全书共 9 章，包括：软岩支护技术的发展和新型金属支架结构的提出；波形钢腹板支架结构的截面形式比选分析；波形钢腹板支架整体稳定承载性能的模型试验；波形钢腹板支架结构平面内弹性及弹塑性屈曲性能；波形钢腹板支架平面内整体稳定承载力的设计方法研究；波形钢腹板支架拱结构局部稳定性能的试验研究；波形钢腹板支架拱结构的弹性和弹塑性局部屈曲分析；波形钢腹板支架与围岩的相互作用关系研究；波形钢腹板支架可缩性节点轴压与压弯试验研究。

　　本书适合建筑结构专业的科研人员、设计人员以及高校的师生阅读使用。

责任编辑：张伯熙
责任校对：焦　乐　王　烨

新型波形钢腹板支架结构的受力性能研究
吴丽丽　左建平　著

*

中国建筑工业出版社出版、发行（北京海淀三里河路 9 号）
各地新华书店、建筑书店经销
霸州市顺浩图文科技发展有限公司制版
北京君升印刷有限公司印刷

*

开本：787 毫米×960 毫米　1/16　印张：18¾　字数：324 千字
2022 年 5 月第一版　　2022 年 5 月第一次印刷
定价：**85.00** 元
ISBN 978-7-112-24190-3
（34712）

作者简介

　　吴丽丽，女，清华大学博士、博士后，2009年到中国矿业大学（北京）任教授，博士生导师。2015～2016年在美国加州大学洛杉矶分校做访问学者。北京市青年教学名师，入选北京市高校"青年英才计划"，中国矿业大学（北京）"越崎杰出学者"。主要从事钢结构、钢—混凝土组合结构、地下工程支护结构以及装配式结构等相关研究。中国钢结构协会钢结构稳定疲劳与教育分会理事、钢结构教学委员会委员，中国建筑金属结构协会教育分会常务委员，中国岩石力学与工程学会软岩工程与深部灾害控制分会理事，煤炭工业协会矿山建设与支护专家委员会委员。主持国家自然科学基金4项，参与国家重大工程动力灾变专题、国家科技支撑计划子课题等科研项目。在国内外学术期刊上共发表论文80余篇，以第一发明人获国家发明专利9项，出版学术专著3部，参与翻译专著1部，参编国家规范1部。获中国钢结构协会"创新人才奖"、省部级科学技术4项。

作者简介

左建平，男，1978 年 3 月生，中共党员，博士，教授，博士生导师，江西高安人。2006年 6 月毕业于中国矿业大学（北京）工程力学专业获博士学位，曾到美国加州大学伯克利分校劳伦斯伯克利国家实验室访学一年（2011），布朗大学高访半年（2018）。主要从事岩层破坏力学及控制等科研和教学工作：揭示了深部煤岩宏细观脆延转变机理，理论证明了 Hoek-Brown 经验破坏准则；建立了采矿岩层移动"类双曲线"模型；提出了深部巷道全空间协同控制技术，成果应用在二十多个矿区工作面或巷道。近年来负责或参与的国家级科研项目 10 项（国家 973 项目、国家自然基金项目优青、面上等），省部级及企业合作项目 40 余项。相关成果发表学术论文 130 余篇，拥有授权专利 28 项、软件版权 3 项、标准2 项；出版专著 3 部、编著 1 部。荣获省部级一等奖 4 项、二等奖 8 项，其中 5 项排名第 1。曾获北京市卓越青年科学家（2019）、首届北京市青年教学名师（2017）、北京五四青年奖章（2016）、教育部青年长江学者（2017）、国家自然科学基金优秀青年基金（2016）、国家"万人计划"青年拔尖人才（2015）、教育部新世纪优秀人才（2009）和全国百篇优秀博士学位论文奖（2009）等荣誉称号。担任中国岩石力学与工程学会青年专业委员会副主任委员、中国岩石力学与工程学会软岩分会理事、中国煤炭学会岩石力学与支护专业委员会委员、地下空间与工程学报编委、矿业科学学报编委。

前　言

　　巷道是井下煤矿开采的必要通道，畅通、稳定的巷道是煤矿安全、高效开采的保障。巷道围岩常常会遭遇岩性变异、构造变异等，出现冒顶、底鼓、大变形等地质灾害，特别是软岩大变形地质构造。地下工程软岩问题从 20 世纪 60 年代以来就作为世界性难题备受关注。国内外在软岩巷道（隧道）工程施工中，均出现过围岩膨胀坍塌、挤压，支撑变形折断，隧底上鼓，衬砌开裂、倾陷等严重现象。由于软岩本身的力学性能限制，特别是初期来压剧烈，加上流变性，采用硬岩的常规支护无法适应软岩的变形，在过去几十年中，国内外学者在软岩巷道（隧道）的支护方面做了大量的试验和理论研究工作，逐渐形成了包括锚喷、锚网喷以及锚喷、拱形金属支架和钢筋混凝土联合支护、预应力锚索支护系列技术、金属钢架支护系列技术等。近年来，随着开采深度、煤矿规模与产量的不断提高，采掘设备大型化、重型化，改变了回采巷道的整体结构状态和赋存条件，巷道埋深越来越大，要求的巷道断面、支撑压力越来越大，现有的支护技术已经很难满足巷道稳定要求。

　　根据软岩巷道变形大，稳定性能差等特点，本书作者提出将建筑结构中的波形钢腹板工形构件引入到地下工程金属支架结构当中，简称为"波形钢腹板支架"。波形钢腹板工形构件由波形钢腹板与平钢板翼缘焊接而成，腹板波折后较平腹板构件的受力性能得到了很大的改善，是一种新型高效型材。由于它具有优越的受力性能、用料经济、加工迅速、便于运输等多方面的优点，已在门式刚架等轻型建筑钢结构、大型公共建筑结构、大跨度桥梁结构中得到广泛应用。

　　除了具有传统的工字钢、U 形钢支架以及钢管混凝土支架等支护结构的一些优点以外，波形钢腹板支架还具有以下优点：

　　（1）波形钢腹板具有较高的抗剪承载力，在荷载作用下变形小，安全可靠。

　　（2）支架形状在围岩压力下的稳定性能良好，其最突出的优点是波折状腹板配合可缩性节点，可适应软岩的大变形产生轴向变形。

（3）自重轻，安装就位方便，经济性好。可降低井下工人的劳动强度，提高劳动生产率，同时节约原材料、降低能耗，且巷道服务期满后可拆卸，资源可回收，从而实现良好的社会效益和经济效益。

作为一种性能优越的新型支护结构，迫切需要针对波形钢腹板支架结构在软岩支护结构中的应用开展有关其基本受力性能、稳定承载力以及支架与围岩的相互作用等方面的理论和试验研究工作，提出可靠的设计理论和方法，以推动这种结构的实用化。为此，作者及其课题组主要开展并完成了以下研究工作：

（1）建立了波形钢腹板支架结构的简化受力模型。通过波形腹板工形构件和三种常用矿用工字钢构件稳定承载力的比较表明：在相同用钢量下，波形钢腹板构件比矿用工字钢在轴压、纯弯、压弯等基本受力条件下的稳定承载力高；在承载力一定的情况下，采用波形钢腹板构件用钢量更小，具有良好的经济效益。

（2）研究了马蹄形和圆形两种封闭断面波形钢腹板支架在静水压力下的平面内弹性和弹塑性屈曲性能。分析了这两种封闭断面支架的截面尺寸参数、长细比、断面形式对波形钢腹板支架弹性屈曲荷载的影响，拟合了弹性屈曲系数与长细比的关系式。在此基础上，对波形钢腹板支架的弹塑性稳定承载力进行了参数分析，得到了支架平面内弹塑性稳定承载力与支架截面尺寸各参数、长细比、几何缺陷模式以及缺陷幅值之间的关系，给出了波形钢腹板纯压支架的平面内稳定设计曲线，结合现行相关规范，提出了波形钢腹板纯压支架和压弯支架平面内稳定承载力的建议设计公式。

（3）设计了一榀马蹄形断面波形钢腹板支架稳定承载力模型试验。分析了支架的失稳形态、位移与应变发展规律，同时，对具有相同支架断面尺寸和构件截面面积的矿用工字钢支架进行对比，结果表明波形钢腹板支架具有更好的稳定承载性能。

（4）针对煤矿巷道常见的几种断面形式，即封闭圆形断面和开口直墙半圆拱形断面波形钢腹板支架的稳定承载力进行了研究。设计了3榀圆形断面及2榀直墙半圆拱形波形钢腹板支架，并设计了1榀圆形断面12号矿用工字钢支架，分析了支架的失稳破坏形态、应变与位移发展规律。对比了波形钢腹板支架与矿用工字钢支架在用钢量基本相同前提下的承载力。结果表明：波形钢腹板支架的单位重量承载力是12号矿用工字钢支架的1.49倍左右，且最大变形仅为后者的70%左右，这表明波形钢腹板支架的承载力更高、支护效果更好。同时，比较了波形钢腹板支架和矿用工字钢支架分别在静水压力状态下，仅垂向应力状态下和垂向应力为主、侧向应力较小状态下的支护性能，结果表明：波形钢腹板支架在各种荷载状态下的变形量均小于矿用工字钢支架，支护效果优于矿用工字钢支架。

（5）研究了煤矿巷道波形钢腹板支架拱结构的局部稳定性能。开展了 6 榀半圆拱形支架的局部稳定性能试验，分别探究其在均布加载以及多点加载下的局部失稳形态，其中 3 榀支架仅更改翼缘的厚度，另外 3 榀支架仅更改腹板的高度，其余几何参数不变。对静水压力下和多点加载下波形钢腹板拱结构进行局部稳定弹性屈曲分析，并以此为基础，考虑初始缺陷等因素条件下，对其进行弹塑性屈曲分析，研究了腹板高度 h_w，腹板厚度 t_w，翼缘宽度 b_f，翼缘厚度 t_f、圆心角等几何参数对支架局部稳定承载性能的影响。

（6）提出了两种适用于软岩支护的新型波形钢腹板可缩性节点构造，并设计了 7 个可缩性节点试验构件。主要涉及两种类型：螺栓连接的可缩性节点和套筒楔子连接的可缩性节点。螺栓连接的可缩性节点共设计了 6 个试件，包括 1 个半侧可缩轴压试件和 5 个两侧可缩试件，前者主要用于方案可行性的探索性试验，试验中外力超过螺栓能够承受的摩擦力时开始滑动，且滑动迅速，试验结果表明：此种节点连接方式是可行的。两侧可缩试件包括 2 个轴压和 3 个压弯试件，结果表明：该可缩性节点构造可以实现滑动，且在滑动过程中能维持一定的摩擦力，可见该类型可缩性节点能基本适应软岩变形而发生轴向变形。套筒连接的可缩性节点只进行了 1 个轴压试验，结果表明：该可缩性节点可以实现滑动，但滑动摩擦力很大程度取决于摩擦面的处理和楔子与试件之间的预紧力。提出了关于波形钢腹板可缩性节点的初步设计步骤和改进建议，并根据软岩变形量的要求对可缩性节点的适用条件提出了建议。

（7）以具体的工程背景为依托，分析了单一岩性圆形巷道、极软岩层圆形巷道和高应力软岩直墙半圆拱巷道中基于波形钢腹板支架联合支护效果，对比分析了金属支架与围岩有相互作用和无相互作用两种工况下的支架受力特点。计算结果表明：采用波形钢腹板支架后，三种工况下巷道顶、底板和两帮的主要关键点的位移相对于仅有锚杆支护结构情况下均明显得到改善。采用荷载结构模型对支架进行受力分析，并与巷道实际开挖支护后的支架受力进行对比分析，分析表明：两种受力条件下波形钢腹板支架的内力发展趋势相近，但是不考虑围岩与支架相互作用时支架受力大于考虑两者的相互作用下的受力。同时还分析了巷道所处深度、岩层岩性以及结构尺寸等参数对支架受力的影响，通过对比分析表明：巷道埋深越大，支架受力越大；围岩强度越低，支架受力越大，支架越容易发生局部变形而破坏，波形钢腹板支架腹板高度的增加能有效限制巷道断面的变形。

本书的研究工作得到了国家自然科学基金面上项目（51278488），中央高校基本科研业务费等的大力资助。在此还要衷心感谢浙江中遂桥波形钢腹板有限公司、中国矿业大学煤炭资源与安全开采国家重点实验室、山东建筑大学建筑结构鉴定加固与改造重点实验室等对本书试验工作给予的大力支持。本书还得到了一些工程界技术人员的大力支持，在此表示诚挚的谢意。

在课题研究过程中，本课题组硕士研究生余珍、郭开凤、李佳蔚、孙广强、贾丽娜、吕步凡等协助作者完成了大量的试验、计算及分析工作，王慧、徐翔、耿大林、邱芳缘、于雅倩、邹悟等对本书的编辑做了大量工作，他们均对本书的完成做出了重要贡献。在此，向为本书付出劳动和做出贡献的朋友们表示诚挚的感谢。

波形钢腹板构件具有结构性能良好、构造简洁和便于运输等优点，被广泛运用于建筑、桥梁结构的新建、扩建与改造施工中，并显示出良好的应用前景。本书将此构件用于地下工程支护结构，并针对其受力性能开展了一部分研究工作，今后还需要在结构与围岩相互作用、现场试验研究等方面继续开展相关研究工作，由于实际结构工程的复杂程度和作者认识能力的局限性，本书难免存在很多不足，某些观点和结论也不够完善，需要在今后的研究工作中加以改进，欢迎广大读者提出宝贵的批评意见和建议。

目　　录

1 软岩支护技术的发展和新型金属支架结构的提出

1.1 国内外软岩巷道支护技术的发展

软岩是一种特定环境下具有显著塑性变形的复杂岩石力学介质，一般来说其抗压强度低、来压快、变形量大，具有可塑性、膨胀性、流变性和易扰动性等 4 个力学属性[1]，并具有如下特点：①软岩松散破碎、结构疏松、密度低、孔隙率较高、强度小、稳定性差，单向抗压强度小于200MPa。②围岩的自稳时间短、来压快，所谓的自稳时间，就是在没有支护的情况下，围岩从暴露起到开始失稳而冒落的时间。软岩巷道的自稳时间仅为几十分钟到几小时，巷道来压快，要立即支护或超前支护，方能保证巷道围岩不致冒落。巷道围岩的自稳时间长短主要取决于围岩强度和地压大小，同时也和巷道的断面形状、掘进方法、巷道所处的位置有关。③围岩变形量大、速度快、持续时间长。软岩巷道的突出特点就是围岩变形速度快、变形量大、持续时间长，一般软岩巷道掘进后的 1～2d，变形速度小则达到 5～10mm/d，大则达到 50～100mm/d。软岩巷道的围岩变形量，在支护良好的状态下，其均匀变形量一般达到 60～100mm，甚至可达到 300～500mm，如果支护不当，围岩变形量很大，300～1000mm以上的变形量也是经常出现的。④软岩巷道变形量大，变形持续时间长，具有流变性能。软岩静压巷道中总变形量超过 400～500mm 者甚多，变形时间一般都在 1～3 个月以上，甚至半年后仍继续增长。

地下工程软岩问题从 20 世纪 60 年代就作为世界性难题备受人们关注。软岩问题的发展研究起始于矿产资源开发，软岩作为一个课题被提出，被视为全球性不易解决的难题之一[2]。由于对软岩知识研究的不足，大多数软岩巷道支护出现了不同程度的破坏，有些矿井处理不当，大量软岩巷道需要返修、维护，甚至有的停止了生产，造成了大量的生产浪费，因此促进了各研究机构、相应部门对地下工程软岩问题的关注。国内外在软岩隧道工程施工中，出现了围岩膨胀坍塌、挤压，支撑变形折断，隧底上鼓，衬砌开裂甚至倾陷等严重现象（如奥地利的阿尔贝格公路隧道、日本的惠那山公路隧道、中国的成昆线碧鸡关隧道和梅七线的崔家沟隧道等）。多年来，美国、加拿大、挪威、日本等国家均在这类地层中和其他工程中进行过专门的研究。在软岩隧道施工过程中，由于围岩压力造成的工程问题表现为：①巷道收敛量大，超过巷道变形 10% 的巷道缩颈非常严重，有时甚至将整个巷道封闭；②巷道收敛速度高，初期收敛速度高达每天几十毫米，这种高速收敛可以持续 10d 以上；③巷道收敛持续时间长，一般都要持续几个月，有的甚至数年，围岩的变形破坏具有很强的时效性；④围岩破坏方式除有洞顶坍塌、挤压外，还有支撑变形折断、片帮和底鼓、衬砌开裂甚至倾陷等现象。有关统计表明，巷道掘进速度约为 6000km/年，其中软岩巷道为 600km/年[3]，由于软岩支护的问题，大约有 100km/年[4] 的软岩巷道需要返修、维护。由于软岩本身的力学性能限制，特别是初期来压剧烈，加上流变性，采用硬岩的常规支护显然无法适应软岩的变形，为此国内外学者在软岩隧道（巷道）的支护方面做了大量的试验和理论研究工作[5]。目前应用于软岩巷道的支护方式有很多，其中包括锚喷、锚网喷、锚喷网架、外锚内砌、外锚内架以及锚喷、拱形金属支架和钢筋混凝土联合支护，预应力锚索支护，金属钢架支护，钢筋混凝土支护，料石砌碹支护，注浆加固等一系列技术[6]。

1.1.1　国外软岩巷道支护技术

19 世纪 40 年代，金属支架首次出现在美国等一些采矿技术较先进的国家，并在地下隧道或巷道支护工程中得到应用，得益于优良的支护效果使得金属支架在浅部开采得到了发展[7]。在这些采矿技术比较先进的国家中，德国最先发明和应用 U 形钢金属支架支护技术，造就了可缩性金属支架对刚性金属支架的性能突破，并成为更多国家地下支护技术的选择。20 世纪 80 年代，英国、德国、法国、苏联、波兰等国仍以金属支架为主，对不同的围岩采用不同类型的金属支架，金属支架用量约占支护总量的 70%。金属支架结构整体具有较高的承载能力，其一般都因屈曲变形而失效，不会忽然断裂、失去承载力，使得矿井巷道岩体立即失去支撑进而影响稳定发生塌落，且其施工简便、综合成本低，因此在浅部开采中金属支架使用比较普遍且发展迅速[8]。但随着开采深度的增大，赋存条件的复杂化，深部软岩巷道采用传统支护已不能控制其稳定性，须不断翻修处理，甚至报废，已不适应深部开采的需求。后来，大多数国家引进了美国、澳大利亚的锚杆支护技术[9]。

目前，西欧大多数国家采用不同类型的锚杆、组合锚杆、锚杆桁架及锚索支护（约占支护总量的 90%），尤其是俄罗斯顿巴斯地区深部巷道采用支撑能力较大的 AK 新型锚杆，其支撑能力为 190~330kN，同时采用高强度托板及钢带形成锚网带联合支护，取得了良好的支护效果和经济效益。比利时在软岩巷道支护中利用全断面掘进机掘进，并使用高强度混凝土弧板，弧板支架的成本不到 U 形钢可缩性支架的一半，而其承载能力比后者高约 2 倍，因施工中壁后充填缓冲层预留大变形层的施工工艺及设备的不配套，未能得到大力推广。美国、澳大利亚在近几十年的煤矿深部开采中，一直以锚杆支架为主体进行联合支护，深部不稳定围岩一般采用锚网、组合锚杆（网）、高强度超长锚杆（网）等支护形式，对于极不稳定围岩主要采用组合锚杆桁架、锚索支护、锚喷网与锚索联合支护等形式。

最早使用岩体注浆技术的是法国。在此之后，英国研制发明了硅酸盐水泥、化学浆液注浆材料以及水泥—水玻璃浆液，使其得到了更好的应用。但对于遇到水泥化的软岩巷道围岩，由于在注浆过程中析出的水分被围岩吸收，造成承载力变小，对巷道的稳定性不利，同时，注浆施工时的施工工序需要较高的技术水平，不宜保证工程质量。

1.1.2 国内软岩巷道支护技术

我国在软岩支护领域进行了广泛且卓有成效的研究工作[10]：在 20 世纪 50~60 年代，硐室一般采用料石、混凝土砌碹，大巷以砌碹和木支架为主，随后推广预应力混凝土支架和金属支架。从 20 世纪 60 年代开始推广锚喷支护、各类金属支架。20 世纪 80 年代后期开始将锚喷支护从基建矿井推向生产矿井，并在煤巷推广锚杆支护。随着开采深度的增加、开采范围的扩大，软岩支护变得越来越突出，一系列新型支护体系如可伸缩锚杆、锚索、锚注等相继出现[11]。

软岩巷道的支护技术按支护—围岩相互作用关系与实质，可分为 4 种支护[12]：

（1）金属支架、砌碹等支护

金属支架在我国多使用在采准巷道和围岩变形量较大的巷道。这些巷道矿压显现强烈且复杂，受到采动影响时支架承受的载储及载荷分布均不断变化，支架要承受拉压、弯曲、剪切、扭转等多种变形，这些都给巷道支护带来了复杂性。此外，采区巷道服务时间较短，少则几个月，多则几年，支架架设、回拆比较频繁，支架材料也要能适应这些特点。井下条件复杂，巷道支架承受的载荷以及载荷分布均不断变化，特别在一些围岩变形量较大的巷道，例如受采动影响的巷道、软岩巷道、深井巷道、位于断层破碎带处的巷道，这就增加了巷道支护工作的复杂性，也对矿用支护型钢的性能提出了特殊的要求：①有优良的力学性能。较高的抗拉、抗压、抗剪强度和良好的韧性性能使支架承载力提高，有利于保持巷道良好的维护状况，减少支架的变形损坏和修复工作量。②有优越的断面几何参数。型钢断面的几何参数主要是抗弯截面模量 W_x、W_y。而衡量其几何形状是否合理的指标有三个：W_x/W_y、W_x/G、W_y/G，G 是型钢的理论重量（kg/m）。井下支架不仅要承受纵向载荷，而且还要承受来自横向的推力。因此要求支架在 X、Y 方向有比较大的承受载荷的能力，W_x 与 W_y 尽可能比较接近，这样材料使用比较经济，也有利于提高支架的稳定性。③有合理的断面几何形状。型钢断面的几何形状除影响上述几何参数外，还影响型钢抗变形能力。型钢断面的几何形状要和受力后型钢内力（特别是弯矩）分布状况相适应。同时型钢断面的几何形状要有利于钢材轧制、支架的加工制造以及修理、搬运。寇玉昌等分析研究了矿用工字钢支架在不同矿区和不同巷道地质条件下所表现出的不同变形破坏特征，提出了矿用工字钢截面设计的评价指标，同时运用设计约束、模糊决策及计算机技术对矿用工字钢截面进行了优化设计[13]。

矿用工字钢是井下巷道支护的专用型钢。它与普通工字钢不同之处是：断面的高宽比减小、腹板加厚、翼缘厚且斜度大，这样使得型钢断面的 W_x/W_y 减小，更能适应井下受载条件。我国生产的矿用工字钢已定型、标准化，共有 9 号、11 号、12 号三种规格，常用的是 11 号。U 形钢拱形可缩性支架结构比较简单，承载力较大，可缩性能较好，因而是 U 形钢可缩性支架中最广泛使用的一种，德国、波兰使用数量均占到金属支架的 90% 以上。我国从 1963 年开始使用 U 形钢可缩性支架，当时主要开发了拱形，之后开发了封闭形、蹄形等多种形式，但仍以拱形为主。之后，可缩性金属支架取得了很大的发展，逐渐形成 18kg/m、25kg/m（新25kg/m）、29kg/m、36kg/m 等定型 U 形钢系列。

国内外一般用工字钢和 U 形钢作为金属支架材料〔如图 1.1-1（a）、

（b）所示]。前者一般用于刚性金属支架，后者用于可缩性金属支架。有时，不需要可缩的支架节段用矿用工字钢，需要可缩的支架节段用 U 形钢。我国过去大量使用工字钢刚性支架，而相当一批刚性支架与围岩的变形不相适应，此后可缩性支架的研究又成为焦点。U 形钢拱形可缩性支架结构比较简单，承载能力较大，可缩性能较好，因而是 U 形钢可缩性支架中使用最广泛的一种，但随着采深的不断加大，需要控制围岩大变形，需要大架形，支护费用增加很多，支护效果却得不到改善。尤春安[14-16]针对由于失稳而提前丧失承载能力的支架，得出在对巷道支架进行计算时，不但要考虑强度和刚度的影响，而且应该注重考虑稳定性的影响。刘建庄等[17]采用 ANSYS 数值模拟手段，得出 U 形钢支架几种局部屈曲破坏的力学机制、应力分布与加载量级。

砌碹是利用水泥砂浆黏结料石组成拱形或封闭形状的承载体，被动承受因围岩变形而产生的压力。大量工程实践表明：砌碹只是在一定的围岩荷载方式下才能表现出较高的强度和承载力，而随着开采深度的增加，其暴露的问题越来越多，部分软岩矿井采用双层乃至三层碹体加固仍不能满足要求，短时间维护即遭破坏，因而砌碹支护不适应于高应力或复杂地质条件的软岩巷道支护。

（2）锚杆、锚索等联合支护

近年来，锚杆、锚索等联合支护在我国发展很快，使用范围也越来越广，目前已从岩巷使用扩展到煤巷使用。煤巷锚索支护一般都和巷道锚杆支护配套使用，只需要较小密度的锚索就可达到较好的支护效果。锚杆支护对巷道顶板起加固作用，改善并保持巷道顶板的整体性，当其上有极软弱夹层时，打上几根锚索，就可以将锚固体悬吊于稳定坚硬的顶板上，避免其离层及巷道顶板整体下沉或垮落。使用掘进机掘进具有掘进连续、工序少、效率高、速度快、施工安全、劳动条件好、对巷道围岩不产生振动破坏等特点。由于当前的生产技术条件下缺少与掘进机配套的掘进和支护装备，在软岩巷道中应用，其可靠性、安全性及支护效果不是很理想，实用性较差。赵克秀[18]针对支架结构的大变形特性，研究了支架在通过相异数目锚杆梁增加支架强度的水平，并提供了更能适应井巷支架位移量大的特征的改进型衡量方式。

（3）锚注加固技术

锚注加固技术直接作用于巷道围岩结构，根本上改善了围岩性质，提高围岩力学性能，改善围岩应力分布状态。破碎松散岩体中巷道注浆后可以使破碎岩块重新胶结成整体，形成承载结构，充分发挥围岩的自稳能力，并与巷道支架共同作用，从而减轻支架承受的荷载。软岩巷道注浆后，浆液固结体封闭裂隙，阻止水汽浸入内部岩体，防止水害和风化，对保持围岩力学性质、实现长期稳定意义重大。锚注加固技术常用于较难维护的软岩巷道、封闭弱面及裂隙，阻止水对岩体的水理作用和风化影响，确保软岩的承载能力。国内外通常所用的锚注加固施工工艺均为定径钻孔工艺，施工用注浆锚杆的封孔定位安装工序对工人的操作技术水平要求很高。

（4）钢管混凝土支架支护

钢管混凝土支架支护［如图 1.1-1（c）所示］作为一种新型的支护结构逐渐成为地下工程支护研究关注的热点。它作为支架材料，可提高支架承载力、降低支护成本。国内臧德胜、苏林王[19-22]等相继对钢管混凝土支架进行了试验研究和有限元分析，并在现场进行了工业性试验。高延法、王波[23-25]等在试验室进行了圆形断面、套管连接方式的钢管混凝土支架试验，试验测试了钢管混凝土支架的载荷变形曲线、极限载荷、极限变形量和失稳破坏方式，并结合实际工程研究了钢管混凝土支架施工工艺。但由于钢管支架接头设计的可缩性、钢管的选型及其施工设计等诸多方面问题的研究尚不成熟，目前该结构还在应用推广的阶段。

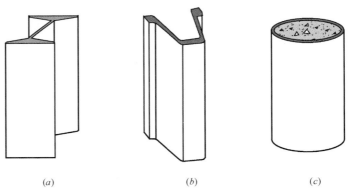

（a）   （b）   （c）

图 1.1-1　三种金属支架材料

（a）矿用工字钢；（b）U 形钢；（c）钢管混凝土

1.1.3　软岩巷道与支护相互作用研究现状

在巷道的开挖过程中，其稳定性一直是人们最关心的问题，它关系到工作人员的生命安全。因此，巷道开挖中围岩的变形以及其与支护体系的相互作用关系一直是我们研究的重点，近年来许多学者对该问题进行了重点探讨。

侯公羽[26][27]等人将巷道开挖过程中开挖面的空间效应及 Hoek 拟合方程的影响因素考虑在内，推导出了围岩-支护二者耦合作用下的力学分析模型，还得出了开挖巷道断面的顶板径向位移和虚拟支护力数学模型，并对上述两种模型进行了深入分析。也提出围岩弹塑性变形二次释放和等效的虚拟支护力的概念，指出在围岩和支护二者的接触面上需要满足应力和位移协调。

刘琴琴[28]采用具体工程和数值模拟相结合的方式，主要对围岩与初期支护的接触面在全约束、考虑摩擦约束的两种约束条件下建立了有限元数值分析模型，并进行两种情况下的弹塑性分析。主要分析了在巷道的开挖过程中，初期支护的施工全过程，分析数据得出：拱腰、拱脚应力易集中，拱顶、拱底会产生较大的位移，并研究了初期支护中支护结构的一些主要影响参数、巷道埋深以及接触面的摩擦系数对初期支护结构的影响。

孙闯[29][30]等人提出基于 Mohr-Coulomb 的应变软化模型，并把收敛-约束法运用到高应力软岩工况下巷道围岩与支护结构二者的相互作用的分析中，构建典型支护结构特征曲线。利用 FLAC3D 软件模拟了不同巷道断面形式对围岩与支护二者的相互作用的影响，并对支护系统稳定性进行了分析和预测。

P. P. Oreste[31]指出收敛-约束法的关键是在支护类型不同的情况下得出不同支护特点下隧道的荷载方程，根据应变和应力水平进行安全因素分析，避免一个或多个支护产生塑性变形，计算出最大允许径向壁位移与最小容许安全系数下的支护方案。然后，通过计算假设和参考支撑结构对临时支撑和最终支护间的相互作用进行了深入地研究，利用对岩体加固时存在的地面反应曲线，得出提高围岩和支护相互作用效率的一个方法。

管海涛、邓荣贵、孙冬丽[32]结合具体工程使用 ANSYS 软件中 SOL-ID45 单元结构模拟围岩、SHELL63 单元结构模拟衬砌，利用有限元中的循环语句命令通过"杀死"围岩单元和激活衬砌单元把握开挖过程中的开挖土体不参与分析的手段模拟开挖过程，提出合理的支护方式。

综上所述，国内外在数值计算、有限元分析方面开展了较深入的理论分析，但是对于围岩变形破坏机理、合理的支护对策、合理选择支护参数、特殊工况作用下（如地震作用、爆破等）围岩-支护相互作用等方面还需要深入地研究。

1.2 波形钢腹板支架的提出及亟待解决的问题

  基于软岩稳定性能差、变形大等特点，作者于 2011 年首次提出了一种更加适用于软岩巷道（隧道）支护的新型支护结构——波形腹板工形金属支架结构[33]，简称为"波形钢腹板支架"。波形钢腹板支架是一种将波形腹板工形构件弯制成弧形，运至施工现场，采用半刚性节点（图 1.2-1）或者可缩性节点拼接各个弧段而形成的金属支架。

图 1.2-1 半刚性节点

  波形钢腹板支架相比传统的矿用工字钢支架有较高的承载力，如果采用可缩性节点进行连接，也可以像 U 形钢支架具有一定的可缩性以适应围岩的大变形。除此之外，由于波形钢腹板本身的结构特点，支架还具有如下优点：①制作加工简单，各段构件更容易弯制成弧形。由于腹板仅为 2~6mm，且腹板呈波形，使得各段直构件更易于弯制成所需的弧形。②自重较轻，成本较低。较小的自重也更便于现场安装就位。③面外刚度较大。波形钢腹板具有较大的面外刚度，使得腹板在很大的高厚比下依然具备足够的运输和安装刚度，不易发生扭转等变形。④抗剪屈曲荷载较高。一般可以达到相同厚度普通平腹板构件的几倍甚至几十倍，同时，由于腹板高厚比限值很大，使得腹板可以加工得薄且高，较高的腹板很大程度上提高了支架的整体抗弯刚度。

  与其他传统金属支架相同，波形钢腹板支架的断面形式有多种：开口形断面支架（如直墙半圆拱支架）和封闭形断面支架。由于封闭形断面支架具有更大的刚度，能够有效地防止巷道（隧道）底鼓，因此本书主要研究封闭断面波形钢腹板支架，常用波形钢腹板支架的封闭断面形状如图 1.2-2 所示。

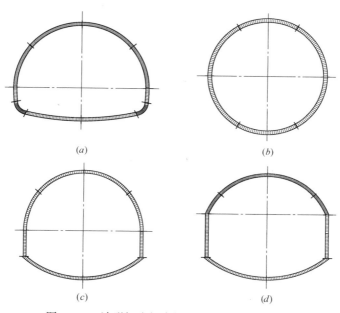

图 1.2-2 波形钢腹板支架封闭断面形状示意图

（a）马蹄形；（b）圆形；（c）直墙半圆拱加反底拱；（d）直墙三心拱加反底拱

波形钢腹板支架作为一种新型的支护形式，具有承载力高、适应围岩大变形、施工简单等优点，在软岩巷道支护中，具有较好的应用前景。与传统的金属支架一样，波形钢腹板支架不能仅仅按照强度计算其承载力，相比强度破坏，支架更容易发生平面内或者平面外失稳，支架的承载力往往以稳定承载力为准。因此，为了将波形钢腹板支架应用于巷道（隧道）支护中，首要任务就是对其进行稳定性分析（又称屈曲分析），对波形钢腹板支架的稳定承载力，尤其是平面内稳定承载力展开系统的研究。

1.3　波形钢腹板工形构件的研究现状及工程应用

波形钢腹板工形构件发源于欧洲，是在工字形钢中用直接冷轧成形的波形钢腹板与平翼缘通过高频连续焊接形成的一种新型高效型材[34]。由于其腹板基本不参与受压与受拉，使得平面外的刚度更强，同时平面内剪切屈曲强度也更大，抗拉及抗压功能由翼缘承担，抗剪功能由腹板承担，腹板的高度和厚度比值比普通工字钢大很多，最大限度地发挥了材料的作用。这种受力模式，改变了常规高厚比的制约，解决了传统工字形钢腹板厚重的问题。波形钢腹板工形构件相较于传统工字形钢，相当于减薄钢腹板，增加了连续密排的加劲肋，起到了既能满足承载力又节重增效的作用。波形钢腹板技术被广泛应用于工业与民用建筑中，它的出现减少了钢结构建筑的造价。如图 1.3-1 所示，波形钢腹板的波折形式主要有正弦形腹板、三角形腹板、梯形腹板，翼缘分为平翼缘和箱形翼缘等[35]。

波形钢腹板工形构件的腹板由 2～3mm 厚的薄板冷轧而成，高度在150～1500mm。传统的平腹板工形构件为采用较薄的腹板，需要设置大量的横向加劲肋，这样增加了约一半的焊接工作量，也耗费了时间，降低了经济效益。由于波形钢腹板工形构件的独特性能，尽管腹板很薄，但能提供足够的抗剪承载力，使其不会在剪力作用下过早屈曲，同时也能提供足够的挺起刚度使得其在构件运输过程中保持截面形状不发生改变。另外，波形钢腹板工形构件具有外形美观、用料经济、易与周围环境相协调的特点，使得整个结构看起来美观统一。因此，波形钢腹板工形构件被许多国家广泛地应用于门式刚架结构中的梁和柱，在大跨度抗弯构件以及大型公用建筑结构中作为楼面梁使用。本书研究的对象为平翼缘与正弦形的波形钢腹板通过连续焊接形成的工形构件，图 1.3-1 为波形钢腹板工形构件。

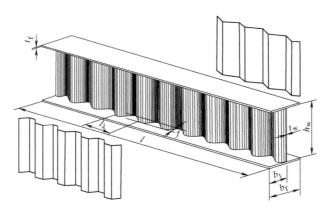

图 1.3-1 波形钢腹板工形构件

1.3.1　研究现状

自 20 世纪 60 年代起,世界各国的专家学者对波形钢腹板工形构件受力性能的研究因为薄板冷弯技术的进步而发展。1985 年我国开发出了关于波纹腹板 H 形钢的轧制工艺,并成功轧制出了世界上第一根全波纹腹板 H 形钢。与此同时,欧洲对这种试件的研究更加深入,学者们主要对波形钢腹板工形构件的抗剪性能、抗弯性能和抗扭性能三个方面进行研究。

1. 抗剪性能研究

与压型钢板一样,波浪形的腹板可以大大提高腹板在一个方向上的抗剪强度。波形钢腹板不易发生屈曲是其最大的优点之一,也是研究的重点之一。对波形钢腹板构件剪切性能的分析首先始于普通直构件的波形钢腹板。波形钢腹板的抗剪能力比普通工字形钢强 2 倍以上,且不必通过增加加劲肋来防止剪切破坏的产生。Smith 和 Easley 等[36][37]通过假定边界条件和采用正交异性板的方法,得出了单位长度的剪切屈曲荷载公式。Hamilton[38]对 6 个不同的波形尺寸和 2 个不同的波形钢腹板厚度的腹板梁进行了试验分析,试验结果得出:波形钢腹板承受了整个梁截面的所有剪力。并得到腹板并非因强度不够而失效,是因为剪切屈曲失效而不能再继续承受荷载。瑞典的 R. Luo 和 B. Edlund 等人[39-41]采用非线性有限元进行了一系列的参数分析,分析结果表明:腹板的屈曲强度伴随腹板厚度的增加而变大,并随着子板的宽度变小而变大。Driver、Abbas、Sause[42]于 2006 年通过采用足尺试验,研究了波形钢腹板 H 形钢梁,认为采用平板屈曲理论公式计算得到的计算值比试验得到的波形腹板梁的承载力偏大,并通过有限元分析表明了新提出的计算方法的合理性。

2001 年,李时等[43]通过理论计算(考虑了几何初始缺陷和大变形),得出了波形钢腹板相较于一般构件的抗剪能力显著增加的结论。2005 年,重庆交通科技研究院[44]通过模型试验,探讨了波纹数量对波形钢腹板稳定性能及失稳承载力的影响。周绪红[45]通过将波形钢腹板 H 形钢下翼缘固定于刚性地基之上,在外翼缘试件加载均布荷载,研究了该荷载情况下的腹板抗屈曲性能,利用能量法给出了屈曲强度的表达式,并进行了 7 个波形钢腹板构件的试验,验证了该公式的合理性。2008 年聂建国和唐亮等人[46]以弹性扭转约束边界条件为前提,计算出全面的屈曲荷载系数表达式。2009 年，李国强等人[47]采用梯形波形钢腹板 H 形钢梁研究了变形性能和抗剪承载力等，开展了较为系统的试验研究和有限元模拟，提出了一些实用的设计建议。

2. 抗弯性能研究

Elgaaly 等[48]对波形钢腹板模型梁做了试验分析，一共进行了 6 个不同尺寸的构件。与此同时，他们还利用有限元软件对试验构件展开了参数分析，得到波形钢腹板的高度与厚度比值与波形形状改变并不会影响波形钢腹板梁的极限抗弯能力，同时也得出了波形钢腹板几乎不承受弯矩，这一结论也与试验结果相符合。EL-Metwally 等[49]对实际桥梁相同截面尺寸的波形钢腹板梁进行了试验研究，采用有限元计算方法发现梁中的弯矩和剪力相互独立，无直接关系，可忽略腹板对抗弯性能的作用。

2002 年，吴文清、叶见曙、万水等[50]对试验模型开展了测试和有限元分析，得到了波形钢腹板梁在承受弯矩时，仅在非常接近翼缘的部分因为腹板被约束而有正应力，而其余部分应力为零。程德林[51]在对多个工况作用下的波形钢腹板梁进行试验分析，得到了不同工况下的弯矩值及控制截面上测点的挠度变形，提出了此类箱梁的抗弯设计方法并给出了相应的半经验公式。

2006 年，胡旭辉[52]采用能量变分原理对试验梁开展了理论计算研究，得到平截面假定这一结果不适用于波形钢腹板箱梁弯曲过程应变的分布，且腹板刚度对其弯曲性能几乎没有影响。李立峰、刘志才等[53]根据梁的应变不协调等问题，进行了抗弯试验，结果认为波形钢腹板梁受弯破坏可分为近似弹性、开裂以及塑性破坏。2011 年任红伟、王元丰[54]考虑了波形钢腹板组合简支梁桥截面曲率的影响，并以连接构件的荷载滑移应变为基础，推导出了附加弯矩公式。

3. 抗扭性能研究

Lindner[55]通过对波形钢腹板梁的抗扭性能开展试验研究，表明波形钢腹板梁和平腹板梁相比抗扭模量基本没有改变，且翘曲常数变化较为明显，并在试验研究的基础上推导出了计算公式。Johnson 等[56]采用数值模拟分析方法，通过对相同截面形式的波形钢腹板组合梁进行了研究，提出了抗扭刚度的半经验公式，并绘制了扭转角和应变之间的关系曲线。2005 年，Sayed-Ahmed[57][58]对波形钢腹板的参数进行了变化，研究了波形钢腹板扭转承载力，而没有考虑波形钢腹板的褶皱效应。

2003 年，李宏江等[59]基于乌氏第二理论，详细地研究了波形钢腹板在偏心荷载作用下抗扭性能和抗扭设计方法，针对波形钢腹板建立微分方程，且进行了足尺试验，将约束扭转和理论计算值进行比较，计算结果与试验结果比较契合。2007 年清华大学郭彦林教授[60-64]对波形钢腹板工形构件的平面外稳定、抗剪承载力、抗扭性能等进行了系统的数值模拟和试验研究，根据研究成果编制了《波浪腹板钢结构应用技术规程》CECS290：2011。2011 年，王兆勋[65]研究发现：当横隔板的数量增加时，波形钢腹板组合梁的抗扭刚度也得到了提高。

1.3.2 工程应用

20 世纪 70 年代，随着制造工艺的成熟，薄板和钢带的生产开始满足冷弯型钢的需要，各种形式的波形钢腹板工形构件开始出现在实验室和工地，梯形和正弦形波折腹板焊接工形构件投入生产。波形钢腹板工形构件凭借良好的面外刚度和优秀的承载性能迅速地占据了瑞典中小跨度的钢结构屋面梁市场，开始了波形钢腹板工形构件在建筑结构中的首次大规模应用[66]。与此同时，在英国建起了两座采用波形钢腹板的钢—混凝土组合桥梁，波形钢腹板的采用不仅使混凝土面板张拉预应力时更加有效，也消除了混凝土的热胀冷缩对腹板的影响。法国首先将波形钢腹板工形构件应用在混凝土梁桥上，建造了历史上首座波形钢腹板组合箱梁桥，接着又相继建成了两座桥[67]。由于这些新型结构的效果比较好，建成后很快引起了不同国家建筑界人员的重视，随后在欧洲和美国等地推广应用。波形钢腹板工形构件开始使用在房屋建筑等工程设计中，大量形式新颖、造型独特的波形钢腹板建筑相继出现。

我国的波形钢腹板工形构件应用仍在尝试阶段。北京某园区 1 号厂房采用了梯形波折腹板工形构件，进行了一些实用的测试。但限于当时的加工工艺和国内市场接受程度，并没有得到推广。近年来，随着我国国力的不断增长，钢结构生产厂家的加工技术也有了很大的提升，波形钢腹板工形构件的批量生产已经不存在技术上的问题。而波形钢腹板优秀的力学性能和美丽的外观以及卓越的经济性能为其在工程中的应用打下了良好的基础，在国内也建造了一定量的波形钢腹板梁桥和厂房[68]，如图 1.3-2 所示。

(a)　　　　　　　　　　　　　　　　　(b)

图 1.3-2　波形钢腹板的应用
（a）黄河大桥；（b）工业厂房

1.4　曲线形构件整体和局部稳定性研究现状

国内外学者采用数值模拟和理论分析的方法对曲线形构件整体和局部稳定性进行了大量的研究。

西安建筑科技大学曹婧[69]对三心拱进行了研究。

浙江大学童根树[70]关于工字形截面圆弧拱屈曲性能分析的研究，主要对工字形截面拱在均布径向荷载条件下的弯扭屈曲进行分析，给出临界荷载的理论解答。

彭兴黔[71]关于圆拱的稳定性能分析，计算了在均布压力作用下不同支撑的变截面圆拱，以及在非均布压力作用下等截面圆拱屈曲的临界荷载。

胡淑辉[72]关于索拱结构的稳定性能研究，运用数值模拟的方法对索拱结构在不同工况下的弹性和弹塑性稳定性能进行研究。

王波[73]利用传统的结构力学方法，给出了圆形断面封闭刚性支架的临界荷载和 U 形钢圆弧拱的稳定微分方程，指出导致支架失稳的自身结构原因主要有：纵向拉杆设置不合理、卡缆摩擦不足、壁厚填充不均匀以及端头"卡死"，并对最佳支护时间这一概念进行了阐释。

战玉宝[74]分别采用有限元和理论方法计算了一拱形金属支架实例的失稳荷载，有限元计算出的临界荷载仅仅与理论值相差8%。

剧锦三[75]首次通过 SHELL 单元研究拱的屈曲性能。在有限元分析软件 ANSYS 中，将 SHELL 单元考虑残余应力并施加于其中，研究了拱结构的稳定问题，其中包括局部稳定以及整体稳定，并计算了相应的极限承载力。

清华大学的黄李骥[76]研究了局部荷载作用下实腹拱的屈曲荷载，并以此计算了其和开洞拱的弹塑性屈曲性能，研究了实腹拱和开洞拱的稳定性能，并考察了孔洞对实腹拱的变形与弹塑性屈曲性能的影响。与此同时，总结不同几何参数以及不同矢跨比的实腹拱和开洞拱的破坏机理，拟合了拱的稳定系数公式。总结了腹板开洞拱在强度设计、整体稳定、局部稳定等方面的安全性设计建议。

吴丽丽、高轩能[77][78]首次研究了拱构件波纹钢屋盖的局部相关屈曲性能。通过软件建模，分析研究了不同壁板宽厚比，不同板件宽度比以及不同应力梯度等情况下拱形波纹钢屋盖结构局部相关屈曲性能，并设计试验以验证有限元分析的合理性。

北京交通大学的张文琦[79]利用 ANSYS 软件中 SHELL181 单元对工形截面钢拱结构腹板在不同边界条件下，在不同荷载组合工况下的局部稳定性能进行了线性以及非线性屈曲分析。并引入刚度相关的比值 β 来量化模拟翼缘对腹板造成的约束。通过改变截面几何参数来探究不同几何参数对腹板屈曲性能的影响，以此给出钢拱结构的设计建议。

可以看出，目前国内外许多学者在普通圆弧拱、抛物线拱的屈曲性能方面已进行了较为深入的研究。但已有的稳定性分析，一方面是在小变形假设下进行计算的，没有考虑几何非线性，另一方面分析止于线弹性状态，没有考虑材料非线性的影响，缺乏对支架的弹塑性分析。对于由多段不同半径圆环或直线所组成的复杂封闭结构屈曲性能却鲜有研究，而且关于波形钢腹板稳定承载性能的系统研究也不多，因此有必要开展封闭曲线断面波形钢腹板支架的屈曲问题的研究[62、63]。

1.5　支架结构连接节点的研究现状

根据软岩巷道变形力学机制及围岩变形压力显现特点，应因地制宜地选择不同的支护形式[80]，宜采用可缩性节点来适应软岩的大变形特点。

U 形钢可缩性支架主要依靠卡缆提供的摩擦力支撑巷道围岩。当围岩作用于支架上的外力超过型钢搭接段的摩擦阻力时，型钢滑动，支架断面缩小，见图1.5-1（a）。作用在支架上的荷载被转移向周围岩体，避免了支架损坏变形及丧失支撑能力。为增加支架的接头摩阻力，充分发挥型钢的支撑能力，杨景贺等人[81]在普通接头的基础上增加了防松卡缆，除采用普通双槽板式卡缆作为导向卡缆外，在主卡缆的下部增加了一个防松夹板。该夹板与主卡缆下夹板连在一起，固定在单根型钢上，增加了滑动阻力，见图1.5-1（b）。寇玉昌等人[82]设计了一种增阻卡，在接头的一端对称地安装一对增阻卡。增阻卡由卡板、勾头螺栓、螺母组成。增阻卡

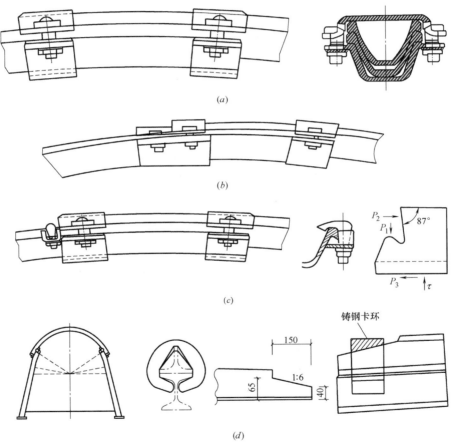

图 1.5-1 可缩性支架（一）

（a）U形钢可缩性支架（普通接头）；（b）U形钢可缩性支架（防松卡缆接头）；

（c）U形钢可缩性支架（增阻接头）；（d）矿用工字钢卡环式可缩性支架；

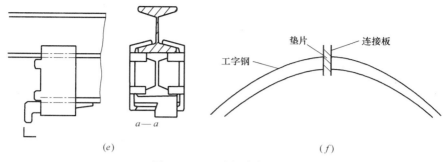

图 1.5-1　可缩性支架（二）

（e）矿用工字钢叠合式可缩性支架；（f）矿用工字钢可缩性支架

夹紧 U 形钢的耳部即组装成增阻接头，见图 1.5-1（c）。增阻卡的作用是增加支架接头处的摩擦阻力，提高 U 形钢可缩性支架的工作阻力。U 形钢可缩性支架的最大优点是当围岩作用于支架上的压力达到一定值时，支架便产生屈服缩动，使岩作用于支架上的压力下降，避免了围岩的压力大于支架的承载力而使支架破坏[83]。由于支架的可缩性，采用 U 形钢可缩性支架提高了巷道支护质量，经济效益好。

钢管混凝土增阻可缩式节点是通过高强度螺栓扭矩力实现定量增阻，针对深部高应力软岩的大变形特点具有可缩性并提供一定的让压空间，达到先柔性再刚性的支护效果[84]。

使用 U 形钢可缩性支架能大大改善巷道的支护条件。但由于这种支架的价格高，一次性投入多，因而会增加矿井的生产成本，采用现有的矿用工字钢材料制成的拱梯形可缩性支架，此种支架结构合理，可缩性能好，支护强度高，适用于大断面巷道及软岩支护[85]。可缩部位是由两截矿用工字钢叠合在一起，用特制的铸钢卡环连接而成，由于卡环的夹紧作用，两截矿用工字钢在滑移过程中，轴线始终保持平行，见图 1.5-1（d）。矿用工字钢叠合式可缩性支架是在卡环和可缩件之间打入楔子，楔子的主楔面与楔卡面具有相同的斜度值，卡环施加给支架构件及可缩件的正压力增大，支架的工作阻力明显提高，见图 1.5-1（e）。该支架具有设计合理、可缩性能稳定、可缩行程大等优点，克服了螺栓连接件易锈蚀、拆卸和回收困难、重复使用率低等缺点，特别适用于煤矿采区巷道支护[86]。文献［87］中的工字钢的每节两端焊接钢板用螺栓连接，连接板之间加入 9mm 厚的橡胶垫片，以改善各节工字钢之间的接触状态，增加支架可缩量，见图 1.5-1（f）。

1.6　需研究的主要技术问题

根据软岩隧道（巷道）变形大，稳定性能差等特点，将波形腹板工形构件首次引入软岩金属支架支护结构中。波形钢腹板支架继承了传统的工字钢、U 形支架以及钢管混凝土支架的特点，发挥了很多自身的优势，如制作加工简单、安装方便、经济合理。支架腹板呈波折状，类似"手风琴"，更易于弯制成所需的支架形状，且具有较高的抗剪承载力，在高厚比很大的情况下依然不容易发生屈曲，同时能保证在运输过程中不发生变形。其最突出的特点在于能适应软岩的大变形而产生轴向变形，能够明显提高支架结构的综合效益。虽然在欧洲和美国波形腹板支护结构在工程中得到了大量的应用，但是在我国波形腹板支护结构的应用仍处于起步阶段。作为一种施工简单、性能优越的新型支护结构形式，迫切需要专门针对波形腹板工形构件支架结构在软岩隧道支护结构的应用开展有效的理论和试验研究工作，提出可靠的设计理论和方法，以推动这种结构形式的实用化，所以本书从以下几个方面介绍主要的研究工作。

（1）波形钢腹板支架的基本力学性能研究

针对常见的软岩隧道（巷道）受力特征，通过考察波形钢腹板支架结构在弹性、弹塑性、线性和非线性等不同条件下的屈曲性能及失稳破坏模式等方面来比较和选择更为各种支架形式相应合理的截面形式和参数。在此基础上，采用理论分析、数值计算等手段，研究、分析其在静水压力下和其他荷载作用下波形腹板支架的轴压、抗弯、抗剪、抗扭等基本力学性能在围岩压力作用下的刚度及变形。根据初步分析成果，设计波形腹板支架试件，并开展相应的现场或试验室模型试验。通过现场或室内试验，对包括构件的屈曲性能、内力和变形等受力特征等进行研究。测试波形腹板支架的各项力学指标，检验结构的安全性和理论研究的有效性。

（2）波形钢腹板支架结构的设计方法研究

在理论分析、试验研究的基础上，建立波形钢腹板的有限元分析模型，通过数值计算反复校核，最终提出一套关于波形钢腹板支架结构的设计方法，包括强度、变形和刚度、整体稳定、局部稳定等方面，为实际工程应用提供设计依据。

（3）波形钢腹板支架与围岩之间的相互作用

对于岩（隧）道支护结构，围岩作为荷载作用于支架结构，这种荷载不同于建筑结构中的常规荷载，对于金属支架同时也是一种特殊的边界条件，导致围岩和金属支架之间存在着一定的相互作用，对结构的受力性能有较大的影响，也使得问题呈现一定的复杂性，这也是值得深入研究的问题。

（4）波形钢腹板支架可缩性节点的构造和设计

结合软岩巷（隧）道施工现场条件，提出波形腹板支架结构可缩性节点的构造，并开展了相关的模型试验进行验证，尤其是各节段构件拼接接头的可缩性处理。

参考文献

［1］ 刘刚，王仁庭，董方庭. 井巷工程［M］. 徐州：中国矿业大学出版社，2005.

［2］ 马念杰，侯朝炯. 采准巷道矿压理论及应用［M］. 北京：煤炭工业出版社，1995.

［3］ 何满潮. 中国煤矿软岩巷道支护理论与实践［M］. 徐州：中国矿业大学出版社，1996，1-5.

［4］ 何满潮，景海河，孙晓明. 软岩工程力学［M］. 北京：科学出版社，2002.5.

［5］ 何满潮. 煤矿软岩变形力学机制与支护对策［J］. 水文地质工程地质. 1997，24（2）：12-16.

［6］ 何满潮. 中国煤矿软岩巷道支护理论与实践［M］. 徐州：中国矿业大学出版社，1996.8.

［7］ 史元伟，张声涛，尹世魁等. 国内外煤矿深部开采岩层控制技术［M］. 北京：煤炭工业出版社，2009，114-213.

［8］ 杨新安，陆士良. 软岩巷道锚杆支护研究新进展［J］. 中国煤炭，1996，（8）：29-32.

［9］ 李明远，王连国，易恭猷等. 软岩巷道锚注支护理论与实践［M］. 北京：煤炭工业出版社，2001，15-18.

［10］ 张农. 巷道滞后注浆围岩控制理论与实践［M］. 徐州：中国矿业大学出版社，2004，6-9.

［11］ 勾攀峰，辛亚军，张和等. 深井巷道顶板锚固体破坏特征及稳定性分析［J］. 中国矿业大学学报. 2012，41（5）：712-718.

［12］ 陈启永. 高应力大变形巷道锚注支护技术实践［J］. 煤炭科学技术，2005，33（10）：49-51.

[13] 寇玉昌，姚社军，杨景贺，等. 新型矿用工字钢支架 [J]. 煤炭科学技术，1996，(8)：44-46.

[14] 尤春安. U 型钢可缩性支架的初始缩动条件 [J]. 山东矿业学院学报，1994，13 (2)：170-176.

[15] 尤春安. U 型钢可缩性支架缩动后的内力计算 [J]. 岩土工程学报，2000，22 (5)：604-607.

[16] 尤春安，杨永腾，毕宣可. 巷道金属支架的广义屈服条件 [J]. 山东科技大学学报（自然科学版），2004，23 (2)：8-10.

[17] 刘建庄，张农，郑西贵，等. U 型钢支架偏纵向受力及屈曲破坏分析 [J]. 煤炭学报，2011，(10)：1647-1652.

[18] 赵克秀. 金属支架承载力增强技术研究 [D]. 安徽：安徽理工大学，2013.

[19] 臧德胜，韦潞. 钢管混凝土支架的研究和实验室试验 [J]. 建井技术，2001，22 (6)：25-28.

[20] 臧德胜，李安琴. 钢管混凝土支架的工程应用研究 [J]. 岩土工程学报，2001，23 (3)：342-344.

[21] 苏林王，王伟. 钢管混凝土支架构件受力性能的有限元模拟分析 [J]. 水运工程，2005 (9)：26-29.

[22] 苏林王. 曲钢管混凝土短柱构件抗压试验及承载力研究 [J]. 水运工程，2010 (10)：124-129.

[23] 高延法，王波，王军等. 深井软岩巷道钢管混凝土支护结构性能试验及应用 [J]. 岩石力学与工程学报，2010，29 (S1)：2604-2609.

[24] 李冰. 深井软岩巷道钢管混凝土支架支护稳定性分析及工程应用 [D]. 北京：中国矿业大学（北京），2009.

[25] 王波. 软岩巷道变形机理分析与钢管混凝土支架支护技术研究 [D]. 北京：中国矿业大学（北京），2009.

[26] 侯公羽，李晶晶. 弹塑性变形条件下围岩-支护相互作用全过程解析 [J]. 岩土力学，2012，33 (4)：961-970.

[27] 侯公羽. 基于开挖面空间效应的围岩-支护相互作用机制 [J]. 岩石力学与工程学报，2011，30 (S1)：2871-2877

[28] 刘琴琴. 隧道围岩与支护结构的相互作用研究 [D]. 南京：南京理工大学，2010.

[29] 孙闯. 深部节理岩体应变软化行为及围岩与支护结构相互作用研究 [D]. 辽宁：辽宁工程技术大学，2013.

[30] 孙闯，张向东，李永靖. 高应力软岩巷道围岩与支护结构相互作用分析 [J]. 岩土力学，2013，34 (9)：2601-2607，2614.

[31] Oreste PP. Analysis of structural interaction in tunnels using the covergence-

confinement approach [J]. Tunnelling & Underground space Technology Incorporating Trenchless Technology Research 2003，18（4）：347-363.

［32］ 管海涛，邓荣贵，孙冬丽. 隧道围岩与支护结构相互作用的数值模拟分析 [J]. 四川建筑，2005，25（6）：53-54.

［33］ WU Lili，YU Zhen，ZHANG Dongdong. Preliminary study on application of metal members with corrugated webs in the supports of soft rock [J]. Applied Mechanics and Materials，2011，90-93：2380-2388.

［34］ 张庆林. 波浪腹板工形构件稳定承载力设计方法研究 [D]. 北京：清华大学，2008.

［35］ 聂建国，余志武. 钢-混凝土组合梁在我国的研究及应用 [J]. 土木工程学报，1999，（2）：3-8.

［36］ Smith D. Behavior of corrugated plates subjected to shear [D]. Canada：University of Maine at Orono，1992.

［37］ John T. Easley. Buckling Formulas for Corrugated Metal Shear Diaphragms [J]. Journal of The Structural Division，1975，101（7）：1403-1417.

［38］ Hami lton R. Behavior of welded girders with corrugated webs [D]. Canada：University of Maine at Orono，1993.

［39］ Luo R，Edlund B. Buckling analysis of trapezoidally corrugated panels using spline finite strip method [J]. Thin-Walled Structures，1994，18（3）：209-224.

［40］ Luo R，Edlund B. Numerical simulation of shear tests on plate girders with corrugated webs [D]. Division of Steel and Timber Structures，Chalmers University of Technology，Sweden，1995.

［41］ Luo R，Edlund B. Shear capacity of plate girders with trapezoidally corrugated webs [J]. Thin-Walled Structures，1996，26（1）：19-44.

［42］ Driver R G，Abbas H H，Sause R. Shear behavior of corrugated web bridge girders [J]. Journal of Structural Engineering，2006，132（2）：195-203.

［43］ 李时，郭彦林. 波折腹板梁抗剪性能研究 [J]. 建筑结构学报，2001，（6）：49-54.

［44］ 周长晓，王福敏，宋琼瑶. 波形钢腹板稳定的理论分析及试验研究 [J]. 公路交通技术，2005，（1）：54-57.

［45］ 周绪红，孔祥福，侯健等. 波纹钢腹板组合箱梁的抗剪受力性能 [J]. 中国公路学报，2007，20（2）：77-82.

［46］ 聂建国，唐亮. 基于弹性扭转约束边界的波形钢板整体剪切屈曲分析 [J]. 工程力学，2008，（3）：1-7.

［47］ 李国强，张哲，孙飞飞. 波纹腹板 H 型钢梁抗剪承载力 [J]. 同济大学学报

（自然科学版），2009，37（6）：709-714.

[48] Elgaaly M，Seshadri A，Hamilton R W. Bending strength of steel beams with corrugated webs [J]. Journal of Structural Engineering，1997，123（6）：772-782.

[49] Ezzeldin Yazeed Sayed-Ahmed. Behavior of steel and（or）composite girders with corrugated steel webs [J]. Canadian Journal of Civil Engineering，2001，28（4）：656-672.

[50] 吴文清. 波形钢腹板组合箱梁剪力滞效应问题研究 [D]. 南京：东南大学，2002.

[51] 程德林. 波纹钢腹板预应力混凝土组合箱梁抗弯性能研究 [D]. 西安：长安大学，2007.

[52] 胡旭辉. 波形钢腹板箱梁桥受力性能研究和设计计算 [D]. 重庆：重庆交通大学，2006.

[53] 李立峰，刘志才，王芳. 波形钢腹板 PC 组合箱梁抗弯承载力的理论与试验研究 [J]. 工程力学，2009，26（7）：89-96.

[54] 任红伟. 波纹钢腹板预应力混凝土组合箱梁设计理论与试验研究 [D]. 北京：北京交通大学，2011.

[55] Lindner，J Shear capacity of beams with trapezoidally corrugated webs and openings [J]. Proc Inst Civ Eng Struct Build，1991：403-412.

[56] Johnson R P，Cafolla J. Local flange buckling in plate girders with corrugated webs [J]. Proc Inst Civ Eng Struct Build，1997，122（2）：148-156.

[57] Abbas H H，Sause R，Driver R G. Behavior of corrugated web I-girders under in-Plane loads [J]. Journal of Engineering Mechanics，2006，132（8）：806-814.

[58] Sayed-Ahmed E Y. Plate girders with corrugated steel webs [J]. Engineering Journal，2005，42（1）：1-13.

[59] 李宏江. 波形钢腹板箱梁扭转与畸变的试验研究及分析 [D]. 南京：东南大学. 2003.

[60] 郭彦林，张庆林. 波折腹板工形构件翼缘稳定性能研究 [J]. 建筑科学与工程学报，2007，24（4）：64-69.

[61] 郭彦林，张庆林，王小安. 波浪腹板工形构件抗剪承载力设计理论及试验研究 [J]. 土木工程学报，2010，43（10）：45-52.

[62] 郭彦林，张庆林，王小安. 波浪腹板梁平面外稳定承载力设计理论与试验研究 [J]. 土木工程学报，2010，43（11）：17-26.

[63] 郭彦林，王小安，张庆林. 波浪腹板变截面压弯构件稳定承载力设计方法和试验研究 [J]. 工程力学，2010，27（9）：139-146.

［64］ 郭彦林，张博浩. 波浪腹板工形梁局部承压承载力设计方法研究［J］. 工业建筑，2012，42（7）：45-54.

［65］ 王兆勋. 横隔板数量对波形钢腹板 PC 组合箱梁抗扭刚度的影响［J］. 黑龙江交通科技，2011（6）：125-126.

［66］ 张琪. 波形钢腹板 PC 组合箱梁腹板剪切屈曲稳定性能研究［D］. 兰州：兰州交通大学，2015.

［67］ 王川. 波纹钢腹板 PC 组合箱梁桥施工过程仿真和腹板稳定性分析［D］. 重庆：重庆大学，2016.

［68］ 宋建永，任红伟，聂建国. 波纹钢腹板剪切屈曲影响因素分析［J］. 公路交通科技，2005，（11）：93-96.

［69］ 曹婧. 三心拱稳定极限承载力分析［D］. 西安：西安建筑科技大学，2007.

［70］ 许强，童根树. 单轴对称工字形截面拱的屈曲分析［J］. 钢结构工程研究. 2000（3）：7-18.

［71］ 彭兴黔，曾志兴. 静水压力下无铰圆拱稳定的截面优化设计［J］. 华侨大学学报（自然科学版），2006，27（4）：381-383.

［72］ 胡淑辉. 索—拱结构的稳定性能研究. ［D］. 北京：清华大学，2005.

［73］ 王波，高延法，牛学良. 软岩巷道支架结构稳定性分析［J］. 矿山压力与顶板管理，2005，2（3）：31-32，35.

［74］ 战玉宝，李楠，尤春安. 巷道金属支架稳定性的有限元分析［J］. 采矿与安全工程学报，2006，23（4）：442-445.

［75］ 剧锦三. 拱结构的稳定研究［D］. 北京：清华大学. 2001

［76］ 黄李骥. 腹板开洞工形截面拱的稳定性能及设计方法研究［D］. 北京：清华大学，2005.

［77］ 高轩能，吴丽丽. 拱型波纹钢屋盖结构均匀受压局部屈曲的有限元分析［A］. 中国钢结构协会结构稳定与疲劳分会. 钢结构工程研究（四）——中国钢结构协会结构稳定与疲劳分会 2002 年学术交流会论文集［C］. 中国钢结构协会结构稳定与疲劳分会：《钢结构》杂志编辑部，2002：6.

［78］ 高轩能，吴丽丽. 拱型波纹钢屋盖结构局部板组相关屈曲的试验研究［A］. 中国钢结构协会结构稳定与疲劳分会. 钢结构工程研究（四）——中国钢结构协会结构稳定与疲劳分会 2002 年学术交流会论文集［C］. 中国钢结构协会结构稳定与疲劳分会：《钢结构》杂志编辑部，2002：6.

［79］ 张文琦. 工形截面钢拱结构腹板局部稳定性能研究［D］. 北京：北京交通大学，2011.

［80］ 岳国均，郭瑞. 软岩巷道支护技术的应用［J］. 现代矿业，2010，26（8）：110-112.

［81］ 杨景贺，李效甫，王晓东. U 型钢可缩性支架滑动摩擦连接构件改进途径

[J]. 煤炭科学技术, 1994, 22 (12): 27-30.

[82] 寇玉昌, 姚社军, 侯松林. U 型钢可缩性支架增阻卡 [J]. 矿山压力与顶板管理, 1994, (2): 39-42.

[83] 汪成兵, 匀攀峰, 韦四江. U 型钢可缩性支架支护设计及应用研究 [J]. 有色金属 (矿山部分), 2006, 58 (3): 30-34.

[84] 王琦, 李术才, 王汉鹏等. 可缩式钢管混凝土支架力学性能及经济效益 [J]. 山东大学学报 (工学版), 2011, 41 (5): 103-107, 113.

[85] 张长风, 孙益建. 矿工钢拱梯形可缩性支架的应用 [J]. 煤炭科技, 2000, 1: 8-9.

[86] 王海亮, 冯长根, 钟冬望. 叠合式工字钢可缩支架连接件的研究 [J]. 煤炭科学技术, 1999, 27 (3): 13-15.

[87] 钱彪, 韩家根. 环形工字钢支架支护软岩巷道的实践及认识 [J]. 煤, 1995 (4): 17-20.

2 波形钢腹板支架结构的截面形式比选分析

本章主要从两方面对波形钢腹板支架结构的截面形式比选分析,一方面是对单个构件的受力性能进行分析(矿用工字钢和波形钢腹板工形构件),进而根据受力形式选择合理的截面参数,由于在这方面有较完善的理论公式,所以分析方法主要基于现有的理论,分析内容包括基本受力条件下(轴压、压弯、纯弯)用钢量相同时的稳定承载力对比,以及承载力一定的情况下用钢量的对比。另一方面是计算不同支架截面形式(马蹄形断面、圆形、直墙半圆拱加反底拱、三心拱加反底拱)在静水压力和实际围岩压力下断面的基本受力情况(轴压、压弯、纯弯、剪切),并分析构件以何种受力形式为主,进而进行腹板参数的选择,同时寻找用静水压力等效实际围岩压力的简化计算方法,方便在今后的计算和实际工程的应用。

2.1 单个构件受力性能分析研究

在研究单个构件受力性能之前,首先在静水压力作用下对封闭的马蹄形断面支架的内力分布状态进行分析,获得该类型断面主要的受力方式,并参照《钢结构设计标准》GB 50017—2017[1],同时参考张庆林[2]的研究成果对矿用工字钢构件、波形钢腹板工形构件在该基本受力条件下的稳定承载力进行分析对比。分析过程中主要以三种常用矿用工字钢为基准,选择波形钢腹板工形构件截面参数。

内力分布主要通过 ANSYS 软件分析得出(如图 2.1-1 所示)。支架结构采用 BEAM3 单元模拟,该单元有 2 个节点,每个节点有 3 个自由度,包括 2 个平动自由度和 1 个转动自由度。截面形式为圆管,内半径 30cm,外半径 35cm,钢材假设为线弹性,其弹性模量 $E_s = 2.06 \times 10^5$ MPa,泊松比为 0.3。在各段圆弧连接处设为刚性连接,静水压力为 1N/mm,边界条件为约束波形钢腹板支架面外位移,约束支架底部中心

截面 B 的三个方向自由度，波形钢腹板马蹄形支架结构的计算模型如图 2.1-2 所示，其中跨度 $L=12$m，高度 $H=9.112$m，各圆弧半径分别为：$R_1=6.0$m、$R_2=14.0$m、$R_3=1.2$m、$R_4=22.0$m，各段圆弧对应的圆心角分别为 $\alpha_1=180°$、$\alpha_2=5.62°$、$\alpha_3=71.21°$、$\alpha_4=26.34°$。

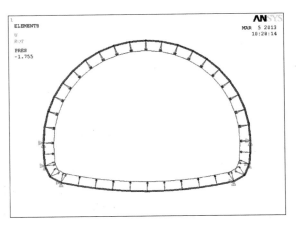

图 2.1-1　波形钢腹板马蹄形支架结构有限元模型

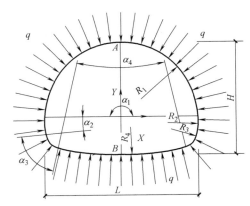

图 2.1-2　波形钢腹板马蹄形支架结构的计算模型

通过有限元分析提取出构件基本受力图，如图 2.1-3 所示。

通过在静水压力作用下对封闭的马蹄形断面支架的内力分布状态分析，得知该类型断面主要内力为轴压和弯矩。下面参照《钢结构设计标准》GB 50017—2017 和参考文献［2］的研究成果，对矿用工字钢构件、波形钢腹板工形构件（如图 1.3-1 所示）在轴压、纯弯、压弯等基本受力条件下的稳定承载力进行分析对比[3]。分析过程中主要以三种常用矿用工字钢为基准，选择波形钢腹板工形构件截面参数。

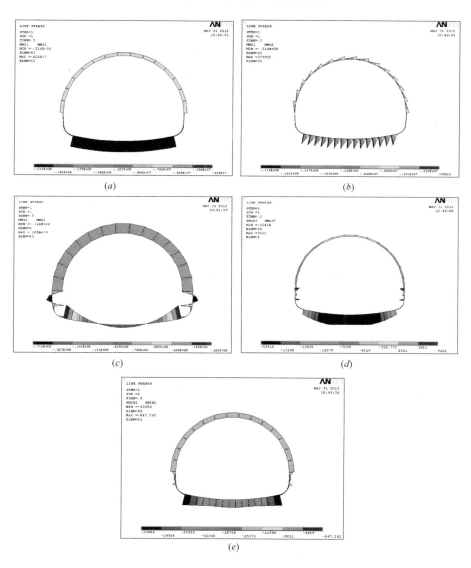

图 2.1-3　构件基本受力图

（a）轴力图；（b）剪力图；（c）弯矩图；（d）最大压弯应力图；（e）最小压弯应力图

2.1.1 构件轴心受压稳定承载力对比

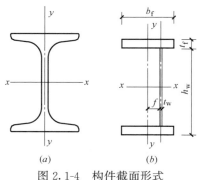

图 2.1-4 构件截面形式
（a）矿用工字钢；（b）波形钢腹板工形构件

以 9 号、11 号、12 号三种常用矿用工字钢支架为基准，其单位长度用钢量如表 2.1-1 所示，按照用钢量基本相等的原则给出波形钢腹板工形构件（截面形式见图 2.1-4）的参数如表 2.1-2 所示。对上述选定的矿用工字钢、波形钢腹板工形构件两者的轴压稳定承载力进行对比，计算长度取为 3m，均为 Q235 钢，计算结果见表 2.1-1。

三种常用矿用工字钢支架单位长度用钢量表　　　　表 2.1-1

项目种类	型号	钢材单位重量（kg/m）	截面面积（cm²）	稳定承载力（kN）
矿用工字钢	9 号	17.69	22.54	317.42
	11 号	26.05	33.18	539.31
	12 号	31.18	31.72	535.35
波形钢腹板工形构件	A	18.03	22.54	372.16
	B	27.09	33.90	593.99
	C	31.36	38.90	647.41

矿用工字钢轴压稳定承载力参照《钢结构设计标准》GB 50017—2017 选用。波形钢腹板工形构件稳定承载力根据文献 [2][4] 内容进行如下计算：

（1）矿用工字钢稳定承载力

以 11 号矿用工字钢为例，$l_x = 3m$、$i_x = 43.4mm$ 则 $\lambda_x = l_x/i_x \approx 69.12$

轴心受压构件对 x 轴的截面分类为 b 类，由插入法求得 $\varphi = 0.756$

$$N_{cr} = \varphi A f_y = 0.756 \times 33.18 \times 215 = 539.31 \text{(kN)} \qquad (2.1-1)$$

（2）波形钢腹板工形构件稳定承载力

惯性矩：
$$I_x = \frac{b_f t_f h_w^2}{2} \qquad (2.1-2)$$

回转半径：
$$i_x = \sqrt{I_x / A_f} \qquad (2.1-3)$$

则长细比：
$$\lambda_x = l_x / i_x \qquad (2.1-4)$$

单个波展开长度：
$$S_0 = i_\lambda \left(3.88\frac{f^2}{l_\lambda^2} + 1.07\frac{f}{l_\lambda} + 0.95\right) \qquad (2.1-5)$$

换算长细比：
$$\lambda_{0x} = \sqrt{\lambda_x^2 + \pi^2 E A_f S_0 / (I_\lambda G A_\omega)} \qquad (2.1-6)$$

式中　E——钢材弹性模量；

　　　A_f——翼缘截面面积；

　　　l_λ——腹板波长；

　　　G——钢材剪变模量；

　　　A_ω——腹板截面面积；

　　　S_0——单个正弦波展开长度。

带入各参数求得 $\lambda_{0x} = 33.49$

轴心受压构件对 x 轴的截面分类为 b 类，由插入法求得 $\varphi = 0.924$

$$N_{cr} = \varphi A_f f_y = 594.00(\text{kN}) \qquad (2.1-7)$$

通过以上对比分析可知：相同用钢量下，波形钢腹板工形构件"A""B"（如图 2.1-5 所示）、"C"分别与 9 号、11 号、12 号矿用工字钢相比，轴心受压稳定承载力（如表 2.1-1 所示）分别提高了 17.25%、10.10%、20.93%。这说明波形钢腹板工形构件的轴压稳定承载性能优于矿用工字钢支架结构。

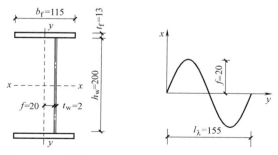

图 2.1-5　波形钢腹板工形构件"B"尺寸图（mm）

从表 2.1-3 结果可以看出，在稳定承载力相同的情况下，波形钢腹板工形构件"A_1""B_1""C_1"比 9 号、11 号、12 号矿用工字钢支架节省用钢量。以上结果表明：波形钢腹板工形构件用钢量较少，与矿用工字钢支架结构相比具有更好的经济效益。

两种构件截面参数 表 2.1-2

| 项目种类 | 型号 | 腹板高度 | 腹板厚度 | 翼缘宽度 | 翼缘厚度 |
		h_w(m)	t_w(m)	b_f(m)	t_f(m)
矿用工字钢	9 号	0.0682	0.008	0.076	0.0109
	11 号	0.0818	0.009	0.090	0.0141
	12 号	0.0894	0.011	0.095	0.0153
波形钢腹板工形构件	A	0.139	0.002	0.076	0.013
	B	0.200	0.002	0.115	0.013
	C	0.230	0.003	0.100	0.016
	A_1	0.139	0.002	0.105	0.008
	B_1	0.160	0.002	0.115	0.012
	C_1	0.230	0.003	0.147	0.009

相同承载力下构件用钢量对比 表 2.1-3

项目种类	型号	钢材单位重量（kg/m）	截面面积（cm²）	稳定承载力（kN）
矿用工字钢	9 号	17.69	22.54	317.42
	11 号	26.05	33.18	539.31
	12 号	31.18	31.72	535.35
波形钢腹板工形构件	A_1	15.70	19.58	316.77
	B_1	24.56	30.80	531.69
	C_1	27.01	33.36	535.89

2.1.2 构件抗弯承载力对比

以上三种矿用工字钢在相同用钢量及相同承载力情况下，与波形钢腹板工形构件进行抗弯承载力的对比分析。矿用工字钢抗弯强度及稳定承载力参照《钢结构设计标准》GB 50017—2017，三种矿用工字钢计算结果见表 2.1-4。波形钢腹板工形构件稳定承载力根据文献［2］［3］中弯矩作用下构件抗弯强度，应满足式（2.1-8）的要求：

$$2M_1/A_f h_w \leqslant f \tag{2.1-8}$$

另外还应满足公式（2.1-9）的要求，其中 W_x 为梁的毛截面模量，忽略腹板的贡献。

$$\frac{M_2}{\varphi_b W_x} \leqslant f \tag{2.1-9}$$

（1）构件的抗弯强度

根据《钢结构设计标准》GB 50017—2017 的规定，矿用工字钢抗弯强度计算公式为：

$$\frac{M_x}{\gamma_x W_x} \leqslant f \tag{2.1-10}$$

（2）构件的抗弯稳定承载力

根据《钢结构设计标准》GB 50017—2017 的规定，计算构件的整体稳定承载力为：

$$\frac{M_x}{\varphi_b W_x} \leqslant f \tag{2.1-11}$$

通过以上对比分析可知：在相同的用钢量下，矿用工字钢的承载力由抗弯强度控制，波形钢腹板工形构件的承载力由稳定承载力控制。通过以上对比分析可知：在相同用钢量下，波形钢腹板工形构件 "A" "B" "C" 与对应三种矿用工字钢相比，抗弯承载力（如表 2.1-4 所示）分别有提高，表明波形钢腹板工形构件的抗弯承载性能优于矿用工字钢支架结构。

相同用钢量下两种构件抗弯承载力对比　　　　表 2.1-4

项目种类	型号	钢材单位重量 （kg/m）	M_1(kN·m)	M_2(kN·m)
矿用工字钢	9 号	17.69	14.14	31.18
	11 号	26.05	25.81	66.63
	12 号	31.18	32.65	90.56
波形钢腹板 工形构件	A	18.03	29.53	22.50
	B	27.09	64.29	48.44
	C	31.36	79.12	58.11

为了对比相同承载力下波形钢腹板工形构件与三种矿用工字钢用钢量的情况，在"A""B""C"参数的基础上，调整相应参数，即对应波形钢腹板支架"A_2""B_2""C_2"（具体截面参数见表 2.1-5），从表 2.1-6 结果可以看出，在稳定承载力相同的情况下，波形钢腹板工形构件"A_2""B_2""C_2"比 9 号、11 号、12 号矿用工字钢支架节省用钢量。

以上结果表明，波形钢腹板构件的用钢量较少，与矿用工字钢支架结构相比具有更好的经济性。

波形钢腹板工形构件截面参数表　　　表 2.1-5

项目种类	型号	腹板高度 $h_w(m)$	腹板厚度 $t_w(m)$	翼缘宽度 $b_f(m)$	翼缘厚度 $t_f(m)$
波形钢腹板工形构件	A_2	0.139	0.002	0.082	0.009
	B_2	0.200	0.002	0.115	0.008
	C_2	0.230	0.003	0.105	0.010

相同承载力下构件用钢量对比　　　表 2.1-6

项目种类	型号	钢材单位重量（kg/m）	抗弯强度（kN·m）	稳定承载力(kN)
矿用工字钢	9 号	17.69	14.14	31.18
	11 号	26.05	25.81	66.63
	12 号	31.18	32.65	90.56
波形钢腹板工形构件	A_2	14.10	22.06	14.71
	B_2	18.06	39.56	26.19
	C_2	22.73	51.92	33.34

2.1.3　压弯构件承载力对比

将以上三种矿用工字钢在相同用钢量及相同承载力下，与波形钢腹板工形构件进行压弯稳定承载力的对比分析。矿用工字钢平面内压弯承载力参照《钢结构设计标准》GB 50017—2017，三种矿用工字钢计算结果见表 2.1-7。波形钢腹板工形构件稳定承载力根据文献［2］［3］中压弯构件稳定承载力计算方法，采用与普通构件相一致的压弯稳定验算公式[5]。

（1）构件的平面内压弯承载力

根据《钢结构设计标准》GB 50017—2017 规定计算矿用工字钢的压弯构件平面内稳定公式如式（2.1-2）所示：

$$\frac{N}{\varphi_{x}A}+\frac{\beta_{mx}M_{x}}{W_{1x}\left(1-0.8\frac{N}{N'_{Ex}}\right)}\leqslant f \qquad (2.1\text{-}12)$$

我国的《波浪腹板钢结构应用技术规程》CECS 290—2011 中压弯构件平面内稳定性验算公式如式（2.1-13）所示：

$$\frac{N}{\varphi_{x}A_{f}}+\frac{\beta_{mx}M_{x}}{W_{1x}\left(1-\varphi_{x}\frac{N}{N'_{Ex}}\right)}\leqslant f \qquad (2.1\text{-}13)$$

$$N'_{Ex}=\pi^{2}EA_{f}/1.1\lambda_{0x}^{2} \qquad (2.1\text{-}14)$$

式中　φ_{Ex}——轴心受压稳定系数；

N'_{Ex}——参数，相当于欧拉临界力除以抗力分项系数的平均值 1.1。

此种验算方法由边缘纤维屈服准则得到，考虑了构件的初始几何缺陷和大变形的影响。在《钢结构设计标准》GB 50017—2017 中，在构件的弹塑性设计时对公式进行修正，用 $\eta_{1}=0.8$ 代替 φ_{x}，如式（2.1-12）所示，对于波形钢腹板工形构件，基本不考虑截面的塑性发展对承载力提高的影响，在计算时应按边缘纤维屈服准则确定极限状态。

（2）构件的平面外压弯承载力

对于压弯构件的平面外稳定性能，若以弹性屈曲理论作为基础推导 N-M 相关曲线，二者的相关曲线是上凸的，而在弹塑性范围内 N-M 相关曲线十分复杂，一般偏安全的采用直线相关公式，即：

$$\frac{N}{\varphi_{y}A}+\frac{\beta_{tx}M_{x}}{W_{1x}\varphi_{b}}\leqslant f \qquad (2.1\text{-}15)$$

波形钢腹板工形构件将公式的轴心受压稳定系数、弯曲稳定系数、临界屈曲荷载等参数换成适用的参数[6]，即：

$$\frac{N}{\varphi_{y}A_{f}}+\frac{\beta_{tx}M_{x}}{W_{1x}\varphi_{b}}\leqslant f \qquad (2.1\text{-}16)$$

通过以上对比分析可知：在相同用钢量下，波形钢腹板工形构件"A""B""C"与三种矿用工字钢相比，平面内压弯承载力（如表 2.1-7 所示）分别提高了约 88.71％、106.24％和 93.05％，平面外压弯承载力分别提高了约 72.17％和 169.09％、92.46％。这表明波形钢腹板工形构件的压弯承载性能优于矿用工字钢支架结构。

为了对比相同承载力情况下波形钢腹板工形构件与三种矿用工字钢用钢量的情况，在"A""B""C"参数的基础上，调整相应参数，即对应波形钢腹板工形构件"A_3""B_3""C_3"（具体截面参数见表 2.1-8），从表 2.1-7 结果可以看出，在平面内承载力相同的情况下，波形钢腹板工形构件"A_3""B_3""C_3"比 9 号、11 号、12 号矿用工字钢支架节省用钢量。

两种构件压弯承载力及用钢量对比   表 2.1-7

项目种类	型号	钢材单位重量 （kg/m）	平面外压弯承载力 （kN）	平面内压弯承载力 （kN）
矿用工字钢	9 号	17.69	65.35	53.95
	11 号	26.05	90.00	98.59
	12 号	31.18	150.98	124.69
波形钢腹板 工形构件	A	18.03	112.51	101.81
	B	27.09	242.18	203.33
	C	31.36	290.57	240.72
	A_3	12.06		62.79
	B_3	15.71		105.19
	C_3	19.43		126.77
	A_4	13.25	66.30	
	B_4	14.45	92.09	
	C_4	21.94	154.32	

若在"A""B""C"参数的基础上，相应调整翼缘厚度为 9mm、6mm 和 10mm，保持其他参数不变，即"A_4""B_4""C_4"，保证承载力相同的前提下对比用钢量节省情况，具体截面参数及计算结果见表 2.1-7、表 2.1-8。在平面外承载力一定的情况下，节省了用钢量，这表明波形钢腹板工形构件用钢量较少，具有更好的经济效益。

波形钢腹板工形构件截面参数表   表 2.1-8

项目种类	型号	腹板高度	腹板厚度	翼缘宽度	翼缘厚度
		h_w(m)	t_w(m)	b_f(m)	t_f(m)
波形钢腹板工形构件	A_3	0.139	0.002	0.076	0.008
	B_3	0.200	0.002	0.110	0.007
	C_3	0.230	0.003	0.105	0.008
	A_4	0.139	0.002	0.076	0.009
	B_4	0.200	0.002	0.115	0.006
	C_4	0.230	0.003	0.100	0.010

2.1.4　基本受力性能分析及结论

将矿用工字钢和波形钢腹板工形构件按用钢量相同的原则分为 3 组，9 号矿用工字钢和"A_x"为第 1 组，11 号矿用工字钢和"B_x"为第 2 组，12 号矿用工字钢和"C_x"为第 3 组（A_x、B_x、C_x 为上述与矿用工字钢对应的各波形钢腹板工形构件）。对上述计算结果进行汇总，见表 2.1-9、表 2.1-10。

两种构件承载力计算结果   表 2.1-9

组号	轴压承载力（%）	抗弯承载力（%）	平面外压弯承载力（%）	平面内压弯承载力（%）
第 1 组	17.25	59.12	72.17	88.71
第 2 组	10.10	87.68	169.09	106.24
第 3 组	20.93	77.98	92.46	93.05

通过上述的比较可知：当截面参数选择较合理时，在相同用钢量的情况下，波形腹板工形构件在轴压、弯矩、压弯等基本受力条件下的弹塑性屈曲性能与矿用工字钢相比具有较明显优势。而承载力一定的情况下，波形钢腹板工形构件用钢量较小，具有良好的经济效益。

两种构件用钢量节省程度表 表 2.1-10

组号	轴压承载力 (%)	抗弯承载力 (%)	平面外压弯承载力 (%)	平面内压弯承载力 (%)
第 1 组	11.25	20.29	25.10	31.83
第 2 组	5.72	30.67	44.53	39.69
第 3 组	13.37	27.10	29.63	37.68

对用于软岩巷道支护结构的波形钢腹板工形构件，在进行具体参数的选择时参考以下措施提高承载力：

（1）用于软岩巷道支护结构。如果构件以承受轴力为主，可以通过改变腹板高度 h_w 和翼缘厚度 t_f 提高承载力。

（2）如果构件以受弯或是平面内压弯为主，当受弯或压弯是由强度控制时，增大翼缘面积 A_f 可有效提高承载力；当受弯或压弯是由稳定性控制时，最有效的方法是增加翼缘的厚度 t_f。

（3）当软岩巷道受力性能较复杂时，可以针对具体情况改变各参数，选择合理的截面形式。

2.2　支架在复杂围岩下的简化计算方法

通过分析支架结构在实际围岩压力和静水压力两种形式下基本受力性能，将复杂围岩压力等效为静水压力简化计算，研究的断面形式包括常用的几种支架截面形式：马蹄形、圆形、直墙半圆拱加反底拱、三心拱加反底拱，尺寸均参考实际工程。支架结构分析的基本受力状态包括：轴压、压弯、纯弯、剪切。首先，分析支架结构在实际围岩压力条件下受力情况，将复杂应力等效为静水压力，对比等效前后支架的受力情况。

2.2.1　实际围岩应力分析

岩体中天然水平应力与垂直应力的比值称为侧压系数，侧压系数一般随着深度的增加而减小。洞周围的围岩力学性能是复杂的，如图 2.2-1 和图 2.2-2 所示，在一个洞室的围岩内大体有两组节理均匀分布，因此可以找出代表单元把两组节理及交割特性包括进去，这个单元的尺度要比工程尺寸小。对这个含节理的典型单元进行深入的数值分析，得出强度变形特征，进而用该特征作为岩体的本构关系，用于岩土工程的稳定性分析。

图 2.2-1　洞室周围节理单元示意图

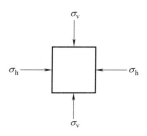

图 2.2-2　单元水平及垂直应力分布图

　　产生岩体的水平应力原因有很多，例如岩石的构造应力、岩石的各向异性、地震及地形等因素，这些因素都可能会影响岩体中应力的分布。因此确定岩体的水平应力是非常重要的，目前对于一些重要的岩石工程，其设计参数主要依据应力测量结果。对于一般的岩石工程，通常是通过将下述的基本模型与实际工程对比，近似地确定岩体的水平应力分布情况。

　　（1）弹性岩体模型

　　假设岩体的应力状态是弹性状态，各向同性岩体，则岩体单元在 x、y 方向的应变为 0，即：

$$\varepsilon_x = \varepsilon_y = 0 \tag{2.2-1}$$

　　假设岩体为水平层状，弹性系数为：

$$E_x = E_y = E_1 \tag{2.2-2}$$

　　由胡克定律知：

$$\varepsilon_x = \frac{\sigma_x}{E_1} - \nu_1 \frac{\sigma_y}{E_1} - \nu_2 \frac{\sigma_z}{E_2}$$

$$\varepsilon_y = \frac{\sigma_y}{E_1} - \nu_1 \frac{\sigma_x}{E_1} - \nu_2 \frac{\sigma_z}{E_2} \tag{2.2-3}$$

$$\sigma_x - \nu_1 \sigma_y - \nu_2 m \sigma_z = 0$$

$$\sigma_y - \nu_1 \sigma_x - \nu_2 m \sigma_z = 0 \tag{2.2-4}$$

　　式中　$m = E_1/E_2$ 为岩体水平与垂直方向的弹性模量之比，求解得：

$$\sigma_x = \sigma_y = \frac{m\nu_2}{1-\nu_2} \sigma_2 \tag{2.2-5}$$

可得，侧向压力系数为

$$\lambda = \frac{m\nu_2}{1-\nu_1} \qquad (2.2\text{-}6)$$

由此结果说明，侧向压力系数与岩体的弹性常数有关，特别是岩体水平面的刚度较大时，将产生较大的侧向压力。

如各向同性岩体，则有 $m = E_1/E_2 = 1$，$\nu_1 = \nu_2 = \nu$ 于是有：

$$\lambda = \frac{\nu}{1-\nu} = \frac{\sigma_x}{\sigma_z} \qquad (2.2\text{-}7)$$

对于一般的岩石，$\nu = 0.15 \sim 0.30$，故 $\lambda = 0.18 \sim 0.43$，因此，完全弹性岩体的水平应力总是小于垂直应力。

（2）散体模型

此类模型是将岩体看成是被很多组密集的节理分割成块体状的集合，这种条件下，岩体可以被看作是完全无黏性的松散体。其受力特征在于任一平面上的正应力与剪应力是成正比，极限平衡条件下满足库仑摩擦定律，则：

$$\tau = \sigma \tan\varphi \qquad (2.2\text{-}8)$$

式中　φ——散体的内摩擦角。

求得

$$\lambda_a = \frac{\sigma_h}{\sigma_v} = \tan^2(45° - \varphi/2) \qquad (2.2\text{-}9)$$

$$\lambda_p = \frac{\sigma_v}{\sigma_h} = \tan^2(45° + \varphi/2) \qquad (2.2\text{-}10)$$

λ 介于 λ_a、λ_p 之间。

（3）黏性摩擦模型

散体模型的优点是定性地把握侧向压力系数的上下线，但不足之处是没考虑黏性，而黏性摩擦模型在散体模型的基础上考虑了岩体材料的黏性。即：

$$\tau = \sigma \tan\varphi + c \qquad (2.2\text{-}11)$$

$$\lambda_a = \frac{1 - (1 - 2c/\sigma_v c \, \text{tg}\varphi)\sin\varphi}{1 + \sin\varphi} \qquad (2.2\text{-}12)$$

$$\lambda_p = \frac{1 + (1 + 2c/\sigma_v c \, \text{tg}\varphi)\sin\varphi}{1 - \sin\varphi} \qquad (2.2\text{-}13)$$

由此可见，岩体黏性的作用是使主动压力系数减小，而被动侧向压力系数增大。

（4）静力压力模型

若岩体为均匀各向同性且处于塑性状态，则可近似认为 $\nu=0.5$，于是由式（2.2-7）可知侧压系数 $\nu \approx 1$，这相当于把岩体看成流体。该模型仅适用于岩体的应力超过岩石的极限强度时，岩体处于塑性状态的情况。地壳深处的自重应力大，且长期经受构造应力的作用，其三向应力状态可能与上述模型提出的相似；再者，处于高应力的岩体在长期的流变作用下也可能使岩体的塑性变形增长，岩体呈流动状态，也和此模型相似。

以上是岩石力学侧向压力系数的确定方法，基于不同的模型确定侧向压力系数不同；本文主要考虑静水压力下模型的侧向压力系数计算，因此采用静水压力模型，根据世界范围内 116 个现场资料的统计[7][8]，水平应力为垂直应力的 0.5～2.0 倍，以淮南矿区地应力分布为例，侧向压力系数的值一般在 0.49～1.49[9]，我国地应力测量也具有类似的结果[10]。据此本书在理论研究的基础上，结合工程中常用的侧向压力系数值，取为 0.7：

$$\lambda=\frac{\sigma_h}{\sigma_v}=0.7 \tag{2.2-14}$$

式中　σ_h——水平应力；

　　　σ_v——垂直应力。

对于岩体中的垂直天然应力 σ_v，大致等于按平均密度 $\rho=2.7\mathrm{g/cm^3}$ 计算的上覆岩体的自重。隧道开挖后 3～5 倍的洞径范围为开挖影响范围[11]，该范围内的岩体称为围岩体，应力将重新分布，故数值模型计算主要考虑该范围内的围岩体。本例巷道埋深取 200m，围岩影响范围取 40m，即马蹄形断面的 3.33 倍。

巷道断面水平及垂直应力分布图如图 2.2-3 所示：

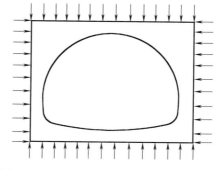

图 2.2-3　巷道断面水平及垂直应力分布图

$$P_x=\sigma_h \quad P_y=\sigma_v=\rho g Z \tag{2.2-15}$$

计算得：

$$\gamma = \rho g = 2700 \text{kg/m}^3 \times 9.8 \text{N/kg} = 26460 \text{N/m}^3 = 26.46 \text{kN/m}^3$$

$$(2.2\text{-}16)$$

则垂直应力为：

$$\sigma_v = \gamma z = 26.46 \text{kN/m}^3 \times 200 \text{m} = 5292 \text{kN/m}^2 \qquad (2.2\text{-}17)$$

又 $\lambda = \dfrac{\sigma_h}{\sigma_v} = 0.7 \Rightarrow \sigma_h = 3704.4 \ (\text{kN/m})$

2.2.2 马蹄形断面计算方法

1. 实际围岩条件下模型建立与受力分析

应用有限单元法（FEM）解决工程中的实际问题，应注意和处理好以下几个方面的问题：

（1）正确划分计算范围

大多数的工程都涉及无限域或半无限域。有限单元法是有限的区域进行离散化，为使这种离散化不产生较大的误差，必须选取足够大的计算范围，但计算范围太大，单元不能划分得太小，否则会付出很大的计算工作量；计算范围太小，边界条件又会影响到计算精度，所以必须划定合适的计算范围。一般来说，计算范围应不小于岩体工程轮廓的 3~5 倍。有两类边界条件（位移边界与应力边界），应根据工程所处的具体条件确定边界类型及范围。本书确定模型尺寸为 40m×40m 的矩形区域，巷道位于模型的中心，围岩影响范围取跨度的 3.33 倍。

（2）边界条件的设置与计算参数

对边界条件做如下规定：在马蹄形断面模型各节点处设为铰接约束，整个模型承受垂直方向的初始应力和相应比例的水平应力。在模型边界加载，水平应力根据分析问题的具体要求通过改变侧压系数的方式进行施加，如式（2.2-17）所示。围岩均采用 SHELL43 单元模拟，壳单元的厚度为单位长度，对于单个支架结构采用 BEAM3 单元模拟，钢材假设为线弹性，其弹性模量和泊松比分别取值为：2.06×10^5 MPa 和 0.3。

（3）计算模型

对二维几何模型进行网格划分，生成有限元数值模型。模型的边界条件上部为垂直荷载上覆岩体厚度边界，左右为水平约束边界。水平应力为 3704.4kN/m，垂直应力为 5292kN/m，断面各节点处为铰接约束，马蹄形断面支架结构有限元模型和马蹄形断面支架结构放大图如图 2.2-4 和图 2.2-5 所示。

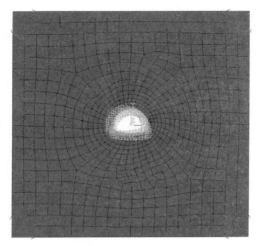

图 2.2-4　马蹄形断面支架结构有限元模型

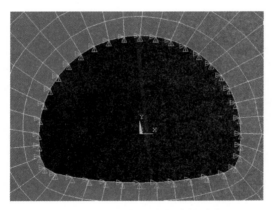

图 2.2-5　马蹄形断面支架结构放大图

马蹄形断面支架结构上各节点编号如图 2.2-6 所示。具体编号顺序为：81 节点为左侧半圆端点，以逆时针方向依次编号至 115 节点。

根据数值分析结果提取出马蹄形断面各节点处的支反力 F_x、F_y，合力 F，在模型图中已知的合力与 X 轴夹角设为 θ_1，求出的合力与 X 轴的夹角为 θ，两者的差值为 Δ，则：

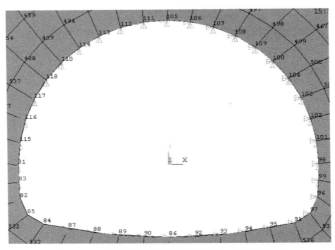

图 2.2-6　马蹄形断面支架结构上各节点编号

$$\theta = \arctan \frac{F_y}{F_x} \tag{2.2-18}$$

$$\Delta = \theta_1 - \theta \tag{2.2-19}$$

$$F_径 = F \cdot \cos\Delta \tag{2.2-20}$$

$$\overline{F} = \frac{F_径}{l_\theta} \tag{2.2-21}$$

$$F_均 = \frac{\sum \overline{F}}{n} \tag{2.2-22}$$

式中　$F_径$——节点沿径向受力值;

　　　$\overline{F}$——节点处的均布力;

　　　l_θ——对应节点处划分单元段长度;

　　　$F_均$——整个断面平均均布力;

　　　n——断面节点总数。

上述所求支反力是在实际围岩压力条件下求得,将该支反力分解后的径向力反向施加在断面各节点处,分析马蹄形断面的基本受力性能,据此可以根据受力选择相应的波形钢腹板参数,供实际工程参考。

图 2.2-7 为马蹄形断面支架结构在实际围岩压力下的有限元模型,根据分析结果提取马蹄形断面基本受力值。

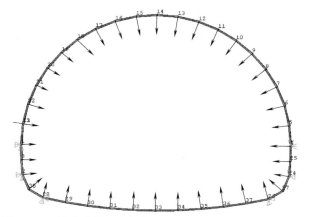

图 2.2-7　马蹄形断面支架结构在实际围岩下的有限元模型

2. 静水压力条件下模型建立与受力分析

采用 ANSYS 软件对马蹄形断面构件进行静力分析，用 BEAM3 单元模拟支架，根据式（2.2-22）求得 $F_均 = q = 1.755\text{N/mm}$，计算模型如图 2.1-2 所示，有限元模型如图 2.1-1 所示。图 2.2-8 是实际围岩和静水压力下马蹄形断面支架结构基本内力图。

从图 2.2-8 中可以看出马蹄形断面支架结构主要承受轴力和弯矩，根据上节稳定承载力验算部分，可以选出表 2.1-2 和表 2.1-6 相应的波形钢腹板参数，实际围岩和静水压力下马蹄形断面支架结构基本受力值比较见图 2.2-9，其中横坐标 n 代表节点编号，纵坐标是支架结构的基本受力值（轴力、弯矩、剪力）。

为了工程应用的方便，需将实际不均匀的围岩压力转化为静水压力形式的均布力。通过有限元分析大量的试算结果看出，将节点线性力绝对值的平均值作为均布力，求得的轴力和实际围岩条件下非常接近，弯矩也满足要求。故可取此值来等效实际围岩应力，该模型中马蹄形断面支架结构的均布力为 1.755N/mm。

2.2.3　圆形断面支架计算分析

圆形巷道结构是由周边围岩和支护结构共同组成并相互作用的结构体系[12]，以下仍采用 ANSYS 软件对圆形断面支架结构在静水压力和实际围压受力条件下进行初步的静力分析。

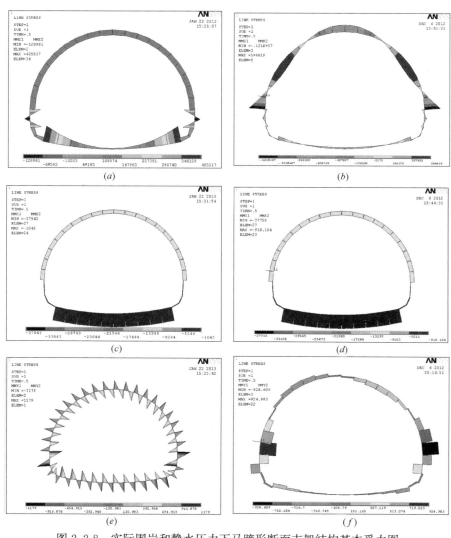

图 2.2-8 实际围岩和静水压力下马蹄形断面支架结构基本受力图
（*a*）静水压力下弯矩值；（*b*）实际围岩下弯矩值；（*c*）静水压力下轴力值；
（*d*）实际围岩下轴力值；（*e*）静水压力下剪力值；（*f*）实际围岩下剪力值

1. 实际围岩条件模型建立与受力分析

模型尺寸仍为 $40\mathrm{m} \times 40\mathrm{m}$ 的矩形区域，巷道位于模型的中心，圆形断面尺寸如图 2.2-10 所示，其中半径为 $R=6\mathrm{m}$，跨度 $L=12\mathrm{m}$，高度 $H=12\mathrm{m}$。采用 ANSYS 软件对圆形断面支架结构进行静力分析，水平应力为 3704.4kN/m，垂直应力为 5292kN/m，断面各节点处为铰接约束，其单元类型的设置及参数设计同上述实际围岩下马蹄形断面支架结构。圆形断面支架结构的有限元模型如图 2.2-11 所示。

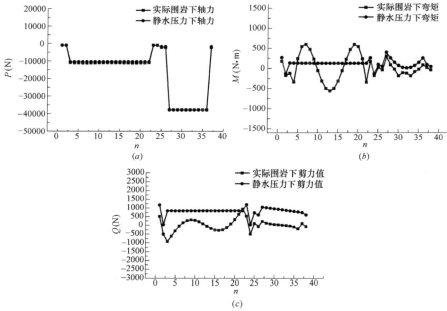

图 2.2-9　实际围岩和静水压力下马蹄形断面支架结构基本受力值比较

（a）轴力对比图；（b）弯矩对比图；（c）剪力对比图

提取圆形断面上各节点，22 节点为下侧半圆端点，以逆时针方向依次编号至 31 节点（见图 2.2-12）。

上述所求支反力是在实际围岩压力条件下求得，将该支反力分解后的径向力反向施加在断面各节点处，分析圆形断面的基本受力条件，支架结构仍采用 BEAM3 单元模拟，截面形式为圆管，内半径 30cm，外半径为 35cm，其中跨度与马蹄形相同（L=12m），承受径向力，约束点

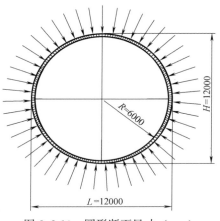

图 2.2-10　圆形断面尺寸（mm）

为圆形截面 4 个等分点处，如图 2.2-12 所示。

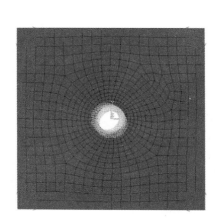

图 2.2-11 圆形断面支架
结构的有限元模型

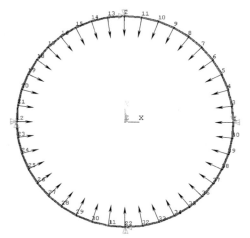

图 2.2-12 圆形截面 4 个等分点

2. 静水压力条件下模型建立与受力分析

根据式（2.2-22）求得 $F_{均} = q = 1.775\text{N/mm}$，其约束与实际围岩条件下约束相同，图 2.2-13 为圆形断面支架结构的有限元模型。

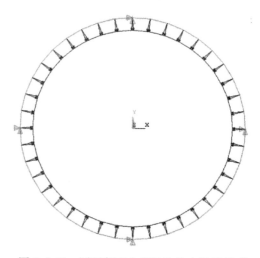

图 2.2-13 圆形断面支架结构的有限元模型

图 2.2-14 为实际围岩和静水压力下圆形断面支架结构基本受力图。

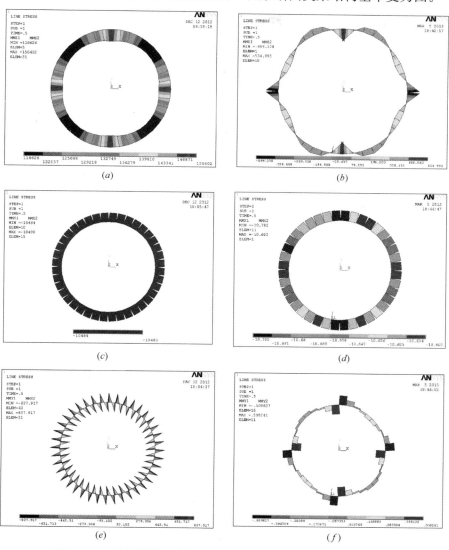

图 2.2-14　实际围岩和静水压力下圆形断面支架结构基本受力图
（a）静水压力下弯矩值；（b）实际围岩下弯矩值；（c）静水压力下轴力值；
（d）实际围岩下轴力值；（e）静水压力下剪力值；（f）实际围岩下剪力值

从图 2.2-14 中可以看出圆形断面支架结构主要承受轴力和弯矩，根据 2.1 节稳定承载力验算部分，我们可以选出表 2.1-2 和表 2.1-6 相应的波形钢腹板参数，将圆形断面支架结构基本受力值绘制成如图 2.2-15 所示，其中横坐标 n 代表节点编号，纵坐标是支架结构的基本受力值（轴力、弯矩、剪力）。

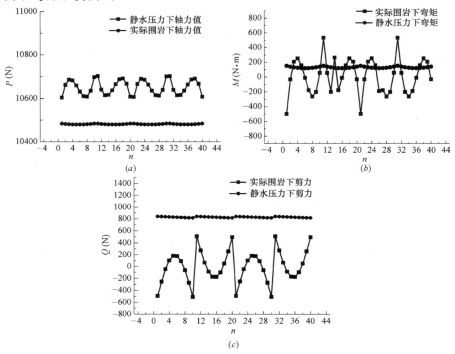

图 2.2-15　圆形断面支架结构基本受力值比较
（a）轴力对比图；（b）弯矩对比图；（c）剪力对比图

为了方便工程应用，将实际不均匀的围岩压力转化为静水压力下的均布力。通过有限元分析的试算结果看出，将节点线性力绝对值的平均值作为均布力，求得的轴力和实际围岩条件下非常接近，弯矩也满足要求，故可取此值来等效实际围岩应力，该模型中圆形断面支架结构的均布力为 1.755N/mm。

2.2.4　直墙半圆拱加反底拱断面计算分析

1. 实际围岩条件下模型建立与受力分析

模型尺寸仍为 40m×40m 的矩形区域，巷道位于模型的中心，直墙半圆拱加反底拱断面尺寸如图 2.2-16 所示，其中跨度 $L=12\text{m}$，高度 $H=11.5\text{m}$，各圆弧半径分别为：$R_1=6\text{m}$、$R_2=8.223\text{m}$，$L_1=2.8\text{m}$，各段圆弧对应的圆心角分别为 $\alpha_1=129.18°$、$\alpha_2=180°$。采用 ANSYS 软件对直墙半圆拱断面进行静力分析，水平应力为 3704.4kN/m，垂直应力为 5292kN/m，断面各节点处为铰接约束，单元类型的设置及参数设计同上述实际围岩下马蹄形断面。直墙半圆拱加反底拱断面支架网格如图 2.2-17 所示。

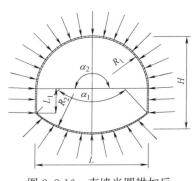

图 2.2-16 直墙半圆拱加反底拱断面尺寸

图 2.2-17 直墙半圆拱加反底拱断面支架网格

提取直墙半圆拱加反底拱断面支架结构上各节点如图 2.2-18 所示，节点 1 为右半圆端点，以逆时针方向依次编号至 35 节点。

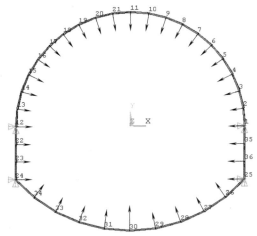

图 2.2-18 直墙半圆拱加反底拱断面支架结构上各节点

上述所求支反力是在实际围岩压力条件下求得，将该支反力分解后的径向力反向施加在断面各节点处。分析直墙半圆拱断面的基本受力条件，支架结构仍采用 BEAM3 单元模拟，截面形式为圆管，内半径 30cm，外半径为 35cm，其中跨度与马蹄形相同 $L=12m$，各段圆弧连接处为固定约束。

2. 静水压力条件下模型建立与受力分析

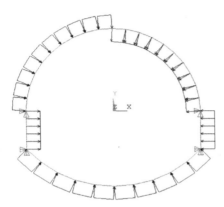

图 2.2-19　直墙半圆拱加反底拱断面支架结构的有限元模型

根据式（2.2-22）求得 $F_{均}=q=1.616N/mm$，其余约束与实际围岩约束相同，图 2.2-19 为直墙半圆拱加反底拱断面支架结构的有限元模型图。

图 2.2-20 为实际围岩和静水压力下直墙半圆拱加反底拱断面支架结构基本受力图，从图中可以看出直墙半圆拱断面支架结构主要承受轴力和弯矩，根据上节稳定承载力验算，将直墙半圆拱加反底拱断面支架结构各节点处基本受力值比较绘制成图 2.2-21，其中横坐标 n 代表节点编号，纵坐标是支架结构的基本受力值（轴力、弯矩、剪力）。

为了工程应用的方便，将实际不均匀的围岩压力转化为静水压力下的均布力。通过有限元分析大量的试算结果看出，将节点线性力绝对值的平均值作为均布力，求得的轴力和实际围岩条件下非常接近，弯矩也满足要求，故可取此值来等效实际围岩应力，该模型中直墙半圆拱断面支架结构的均布力为 $1.616N/mm$。

2.2.5　三心拱加反底拱断面计算分析

1. 实际围岩条件下模型建立与受力分析

模型尺寸仍为 40m×40m 的矩形区域，巷道位于模型的中心，三心拱加反底拱断面尺寸如图 2.2-22 所示。其中，跨度 $L=12m$，高度 $H=11.4m$，各圆弧半径分别为：$R_1=7.5m$、$R_2=8.02m$，各段圆弧对应的圆

心角分别为 $\alpha_1 = 106.26°$、$\alpha_2 = 96.91°$。采用 ANSYS 软件对三心拱加反底拱断面进行静力分析，水平应力为 3704.4kN/m，垂直应力为 5292kN/m，断面各节点处为铰接约束，单元类型的设置及参数设计同上述实际围岩下马蹄形断面。三心拱加反底拱断面支架网格如图 2.2-23 所示。

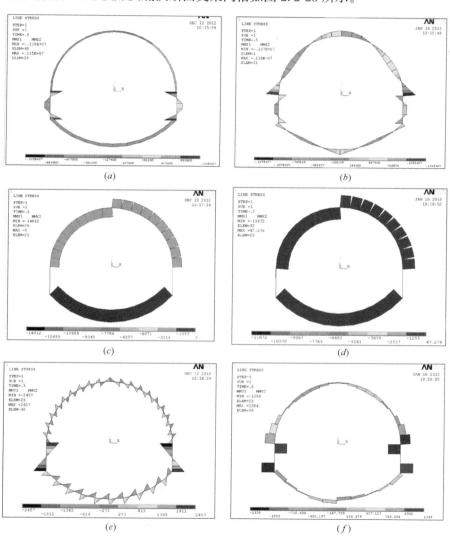

图 2.2-20　实际围岩和静水压力下直墙半圆拱加反底拱断面支架结构基本受力图
(*a*) 静水压力下弯矩值；(*b*) 实际围岩下弯矩值；(*c*) 静水压力下轴力值；
(*d*) 实际围岩下轴力值；(*e*) 静水压力下剪力值；(*f*) 实际围岩下剪力值

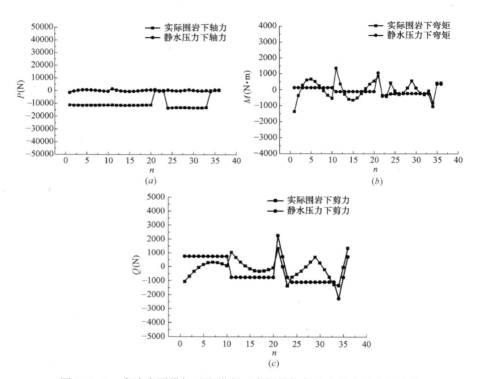

图 2.2-21 直墙半圆拱加反底拱断面支架结构各节点基本受力值比较
(a) 轴力对比图；(b) 弯矩对比图；(c) 剪力对比图

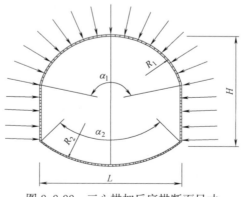

图 2.2-22 三心拱加反底拱断面尺寸

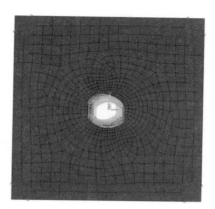

图 2.2-23　三心拱加反底拱断面支架网格

三心拱加反底拱断面各节点如图 2.2-24 所示，1 节点为左端直线段上端点，以逆时针方向依次编号至 50 节点。

上述所求支反力是在实际围岩压力条件下求得，将该支反力分解后的径向力反向施加在断面各节点处，分析三心拱加反底拱断面的基本受力条件，支架结构仍采用 BEAM3 单元模拟，截面形式为圆管，内半径为 30cm，外半径为 35cm，其中跨度与马蹄形相同 $L = 12\text{m}$，各段圆弧连接处为固定约束，三心拱加反底拱断面节点如图 2.2-24 所示。

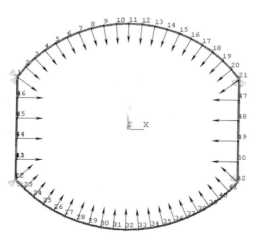

图 2.2-24　三心拱加反底拱断面节点

2. 静水压力条件下模型建立与受力分析

根据式（2.2-22）求得 $F_均$＝1.849N/mm，其约束与实际围岩约束相同，图 2.2-25 为三心拱加反底拱断面支架结构的有限元模型图。

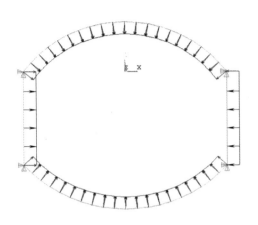

图 2.2-25   三心拱加反底拱断面支架结构的有限元模型

图 2.2-26 为实际围岩和静水压力下三心拱加反底拱断面支架结构基本受力图。从图中可以看出三心拱加反底拱断面支架结构主要承受轴力和弯矩，根据上节稳定承载力验算部分，将三心拱加反底拱断面支架结构各节点处基本受力值比较绘制成图 2.2-27，其中横坐标 n 代表节点编号，纵坐标是支架结构的基本受力值（轴力、弯矩、剪力）。

为了工程应用的方便，将实际不均匀的围岩压力转化为静水压力下的均布力。通过有限元分析大量的试算结果看出，节点线性力绝对值的平均值作为均布力，求得的轴力和实际围岩条件下非常接近，弯矩也满足要求，故可取此值来代替实际围岩应力，该模型中三心拱加反底拱支架结构的均布力为 1.849N/mm。

通过计算不同的支架截面形式（马蹄形断面、圆形断面、直墙半圆拱加反底拱断面、三心拱加反底拱断面）在静水压力和实际围岩压力下的基本受力情况（轴压、压弯、纯弯、剪切），对研究的多种断面支架形式可用实际围压产生的反力平均值等效为静水压力，从而简化计算分析。

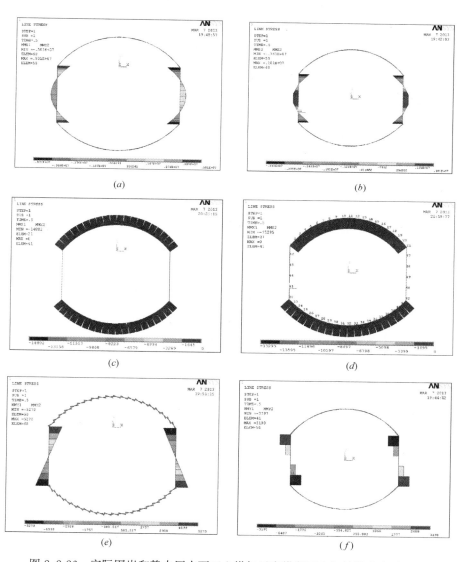

图 2.2-26　实际围岩和静水压力下三心拱加反底拱断面支架结构基本受力图
（a）静水压力下弯矩值；（b）实际围岩下弯矩值；（c）静水压力下轴力值；
（d）实际围岩下轴力值；（e）静水压力下剪力值；（f）实际围岩下剪力值

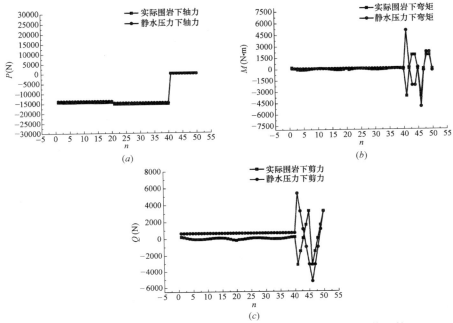

图 2.2-27 三心拱加反底拱断面支架结构各节点处基本受力值比较

（a）轴力对比图；（b）弯矩对比图；（c）剪力对比图

参考文献

［1］ 中华人民共和国住房和城乡建设部. 钢结构设计标准：GB 50017—2017 ［S］. 北京：中国建筑工业出版社，2018.

［2］ 张庆林. 波浪腹板工形构件稳定承载力设计方法研究 ［D］. 北京：清华大学，2008.

［3］ 吴丽丽. 波形钢腹板工型构件与矿用工字钢受力性能对比 ［A］. 中国钢结构协会结构稳定与疲劳分会. 钢结构工程研究（九）——中国钢结构协会结构稳定与疲劳分会第 13 届（ISSF—2012）学术交流会暨教学研讨会论文集 ［C］. 中国钢结构协会结构稳定与疲劳分会：《钢结构》杂志编辑部，2012：8.

［4］ 郭彦林，王小安，张庆林，姜子钦. 波浪腹板门式刚架轻型房屋钢结构设计理论及应用 ［J］. 建筑结构，2011，41（4）：11-19.

［5］ 臧德胜，李安琴. 钢管砼支架的工程应用研究 ［J］. 岩土工程学报，2001（3）：342-344.

［6］ 郭彦林，张庆林，王小安. 波浪腹板梁平面外稳定承载力设计理论与试验研究［J］. 土木工程学报，2010，43（11）：17-26.

［7］ 东南大学，浙江大学，湖南大学，苏州科技大学等合编. 土力学（第三版）［M］. 北京：中国建筑工业出版社，2010.

［8］ 周宏伟，谢和平，左建平. 深部高地应力下岩石力学行为研究进展［J］. 力学进展，2005，35（1）：91-99.

［9］ 孟召平，程浪洪，雷志勇. 淮南矿区地应力条件及其对煤层顶底板稳定性的影响［J］. 煤田地质与勘探，2007，35（1）：21-25.

［10］ 周维垣. 高等岩石力学［M］. 北京：水利水电出版社，1990.

［11］ 陈志平，叶兴军，孟陆波，俞良. 隧道开挖跨度对围岩级别的影响研究［J］. 中外公路，2011，31（1）：158-161.

［12］ 李平. 圆拱直墙式隧道的内力分析［D］. 西安：西安建筑科技大学，2009.

3 波形钢腹板支架整体稳定
承载性能的模型试验

为了研究波形钢腹板支架的稳定承载力、刚度及变形规律，本章设计了马蹄形、圆形和直墙半圆拱形等不同断面形式的波形钢腹板支架的模型试验，并开展了有限元屈曲分析，将试验结果与有限元结果进行对比。与此同时，对比了用钢量基本相同的波形钢腹板支架与矿用工字钢支架的稳定承载性能。

3.1 马蹄形断面波形钢腹板支架的模型试验

3.1.1 试件设计和材料性能

1. 试件设计

设计了一榀马蹄形断面波形钢腹板支架的缩尺模型，支架的大断面尺寸参考国内某马蹄形巷道工程，由于该巷道尺寸较大，加载设备和场地条件不能达到足尺试验的要求，故采用比例为1:2的模型。模型试件的影响参数有：应力、应变、变形、集中荷载、弹性模量、波形钢腹板工形构件各截面参数、马蹄形各段圆弧半径等，模型主要物理量见表3.1-1。

模型主要物理量 表3.1-1

物理量	应力 σ (N/mm^2)	应变 ε	弹性模量 E(N/mm^2)	长度 l(m)	变形 d(mm)	荷载 P(kN)
相似系数	1	1	1	1/2	1/2	1/4

模型支架断面尺寸和构件截面尺寸均缩小为原型的1/2，即几何相似常数 $C_L=C_R=2$；模型材料和原型完全相同，即相似常数 $C_E=C_\sigma=1$。根据相似准则可知：$C_\varepsilon=C_\sigma=C_E=1$，即模型上测得的应变、应力等于原型上对应处的应变、应力；$C_d=C_L=2$，即模型上测得的变形 d 仅为

原型实际变形的 1/2；$C_P = C_E \times C_L^2 = 1 \times 2^2 = 4$，即模型上施加的集中荷载为原型荷载的 1/4。

试件由顶部、侧部、角部和底部圆弧组成，各段圆弧之间通过节点板和高强度螺栓连接。试件各段圆弧半径均为原型的 1/2，缩尺后，试件跨度 $L=6\mathrm{m}$，高度 $H=4.75\mathrm{m}$，各圆弧半径为：$R_1=3\mathrm{m}$、$R_2=7\mathrm{m}$、$R_3=1\mathrm{m}$、$R_4=11\mathrm{m}$，各段圆弧对应的圆心角为 $\alpha_1=180°$、$\alpha_2=5.29°$、$\alpha_3=73.32°$、$\alpha_4=22.78°$，试件断面尺寸如图 3.1-1 所示。

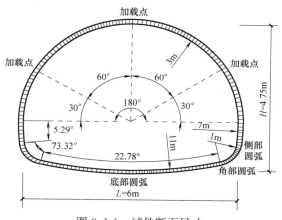

图 3.1-1　试件断面尺寸

矿用工字钢是巷道支护的专用型钢，断面的高宽比比普通工字钢小，腹板、翼缘更厚，且翼缘斜度大。我国矿用工字钢已经定型化、标准化，主要有 9 号、11 号、12 号三种规格。在煤矿巷道支护中常用 12 号工字钢支架，其重量为 31.2kg/m。12 号矿用工字钢基本参数为：腹板高度 $h=120\mathrm{mm}$，腹板厚度 $d=11\mathrm{mm}$，翼缘宽度 $b=95\mathrm{mm}$，翼缘平均厚度 $t=15.3\mathrm{mm}$，截面面积 $A=39.7\mathrm{cm}^2$。以 12 号矿用工字钢支架为基准设计波形钢腹板支架，并按照用钢量基本相等的原则确定波形钢腹板工形构件的截面参数，等效截面面积 $A_1=37.7\mathrm{cm}^2$，截面尺寸为：腹板高度 $h'_w=220\mathrm{mm}$，腹板厚度 $t'_w=3\mathrm{mm}$，翼缘宽度 $b'_f=150\mathrm{mm}$，翼缘厚度 $t'_f=10\mathrm{mm}$，波形腹板波幅 $f'=20\mathrm{mm}$，波长 $\lambda'=150\mathrm{mm}$；将截面尺寸缩小为原型的 1/2 进行模型试验，缩尺后，试验支架的截面尺寸为：腹板高度 $h_w=110\mathrm{mm}$，腹板厚度 $t_w=1.5\mathrm{mm}$，翼缘宽度 $b_f=75\mathrm{mm}$，翼缘厚度 $t_f=5\mathrm{mm}$，截面面积 $A_2=9.425\mathrm{cm}^2$ 波形腹板波幅 $f=10\mathrm{mm}$，波长 $\lambda=75\mathrm{mm}$。截面的参数示意图如图 3.1-2 所示，截面尺寸如表 3.1-2 所示。

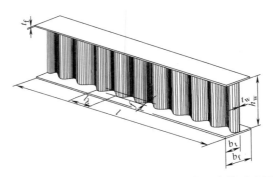

图 3.1-2　波形钢腹板缩尺模型支架截面参数示意图

截面尺寸　　　　　　　　　　　　　　　　表 3.1-2

支架类型	腹板高度（mm）	腹板厚度（mm）	翼缘宽度（mm）	翼缘厚度（mm）	面积（cm²）	波幅（mm）	波长（mm）
12 号矿用工字钢支架	120	11	95	15.3	39.7	—	—
波形钢腹板原型支架	220	3	150	10	37.7	20	150
波形钢腹板缩尺模型支架	110	1.5	75	5	9.425	10	75

2. 材料性能

钢材的屈服强度实测值 $f_y = 289\text{MPa}$。

3.1.2　加载装置和测点布置

1. 加载装置

试件在杭州中隧桥波形钢腹板工厂内进行，由于试件尺寸较大且试验场地有限，只能采用手动加载方式，且加载点不宜过多，故取 3 个加载点，分别位于上部圆弧顶点处及顶点左右各偏移 60°处，每个集中荷载的从属长度为顶部半圆圆弧的 1/3。加载装置采用 3 台 16t 手动千斤顶，为了将千斤顶集中荷载转化为局部均布荷载，在每个加载点及底部圆弧处设置 4 个承压支座，其中，下支座长 3.6m，上支座长 1m，其余 2 个承压支座长 0.5m，选用的弧度、型号均与支架相同，并将 10mm 厚的承压钢板焊接在 20mm 厚承压底板上。采用 2 榀五角星钢支架作为试件的加载反力架和面外支撑构件。试验时，将千斤顶固定在 2 榀五角星形支架的梁上加载，马蹄形试件夹在五角星形支架之间，加载装置示意图如图 3.1-3

所示。

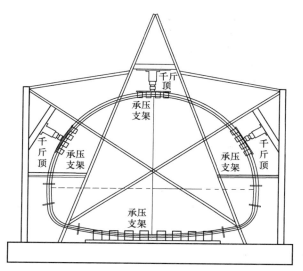

图 3.1-3 加载装置示意图

加载时，各加载点的荷载基本保持同步增长，采用分级稳压加载方式。试件承载能力分为 10～15 级，逐级施加荷载，每级加载 2～3kN，稳压 1～2min，待试件变形趋于稳定后，记录测试数据，然后再施加下一级荷载，直到支架丧失稳定性而失去承载力。

2. 测点布置

分别在波形钢腹板支架试件的 8 个截面（A_1、A_2、A_3、B_1、B_2、C_1、C_2、D）内外翼缘表面粘贴应变片以测量翼缘轴向应变，由于角部圆弧 C_2 处的剪力较大，故在其截面腹板粘贴应变花以测量腹板剪应变。此外在支架拱顶处和侧部圆弧连接处布置 3 个位移传感器（D_1、D_2、D_3）以量测支架竖向和水平位移，测点布置如图 3.1-4 所示。

3.1.3 试验结果与分析

1. 荷载-位移曲线

由于现场条件有限，试验采用手动加载方式，不能完全保证各加载点荷载同步施加，试验过程中支架呈非对称变形，支架两侧向外变形产生水平位移且两侧水平位移不相等，以右侧水平位移为主。支架未发生局部屈

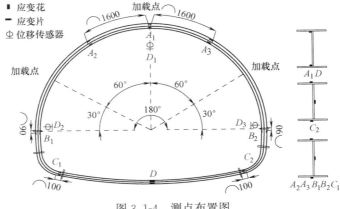

图 3.1-4　测点布置图

曲，失稳形态为支架整体非对称失稳，支架被破坏前后对比如图 3.1-5
所示。

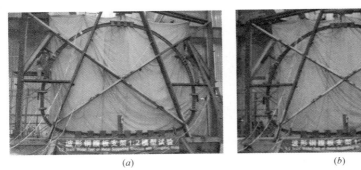
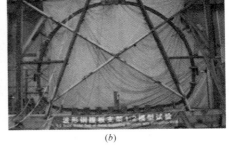

图 3.1-5　支架被破坏前后对比图
（a）试验前；（b）试验后

　　以 3 个加载点的荷载竖向分量总和 P 为纵坐标，分别以支架拱顶处
位移 d_1、顶部与左侧圆弧连接处位移 d_2 和顶部与右侧圆弧连接处位移
d_3 为横坐标，绘制各个位移测点的荷载-位移曲线，如图 3.1-6 所示。

　　支架变形可分为 OA、AB、BC、CD 4 个阶段，各阶段的具体变化
特征如下：

　　（1）OA 段：近似弹性阶段，荷载为 $0 \sim 46.9$kN（$0 \sim 0.79P_u$，P_u
为极限荷载）。这一阶段随着荷载增加，位移持续增长，整个支架被压扁，
支架两侧向外变形产生水平位移，支架处于整体稳定阶段。此阶段支架右

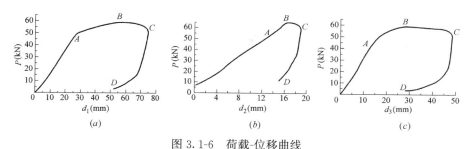

图 3.1-6　荷载-位移曲线

（a）竖向位移；（b）左侧水平位移；（c）右侧水平位移

侧水平位移大于左侧水平位移，但左右两侧水平位移相差不大，支架基本呈正对称变形。

（2）AB 段：近似强化阶段，荷载为 46.9～59.1kN（$0.79P_u$～P_u）。这一阶段荷载缓慢上升，竖向位移和右侧水平位移增长加快，荷载-位移曲线呈非线性变化，且较 OA 段斜率有所减小，而左侧水平位移增长速度较为平稳，甚至略有降低。这是因为支架从 B 点开始产生一定的右侧倾倒，支架左右两侧的水平位移差值逐步加大，支架进入非对称失稳阶段，非对称变形明显，竖向位移和右侧水平位移增量较大，而左侧水平位移增量很小。当荷载达到 59.1kN（P_u）时，右侧水平位移是左侧水平位移的 1.8 倍。

（3）BC 段：下降阶段，随着荷载的减小，位移不断增加，支架进入失稳状态。此阶段竖向位移和右侧水平位移增量较大，左侧水平位移增量相对较小。当荷载降低到 54.6kN 时，因支架整体大变形而停止加载，此时，右侧水平位移是左侧水平位移的 2.5 倍，支架的非对称变形显著。

（4）CD 段：卸载阶段，卸载后支架弹性变形部分有所恢复。

从试验结果可知：波形钢腹板支架具有较好的稳定承载性能，几何尺寸 1/2 缩尺后，马蹄形波形钢腹板试件支架的承载力达 29.6kN（单个千斤顶的荷载），按照相似比计算，原型支架的承载力为 29.6kN×2^2 = 118.4kN。由此可知波形钢腹板支架具有较大的刚度，能满足地下结构支护要求。

2. 波形钢腹板支架应变分析

采用静态电阻应变片测量加载过程中支架各段圆弧翼缘的轴向应变，绘制各测点的荷载-轴向应变曲线，如图 3.1-7 所示。图中靠近支架中心为内翼缘，远离支架中心为外翼缘；拉应变为正，压应变为负。

63

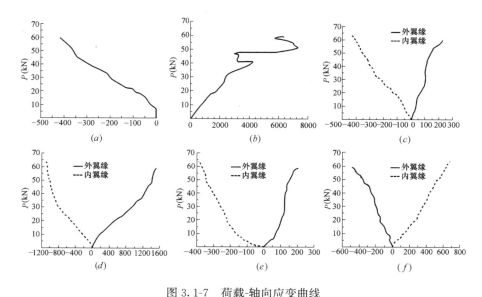

图 3.1-7　荷载-轴向应变曲线

（a）A_1 外翼缘轴向应变；（b）A_1 内翼缘轴向应变；（c）A_3 截面轴向应变；
（d）B_2 截面轴向应变；（e）C_2 截面轴向应变；（f）D 截面轴向应变

从以上曲线可知，外翼缘受压、内翼缘受拉的受力状态仅出现在顶部圆弧 A_1 和底部圆弧 D 截面处，其余截面均为外翼缘受拉、内翼缘受压；仅顶部圆弧的 A_1 点处部分进入塑性阶段，其他截面均未进入塑性阶段，这是因为该截面位于拱顶加载处，局部压力较大。这表明：支架发生失稳时大部分截面并未发生强度破坏，而是由于变形较大产生整体失稳破坏；侧面圆弧 B_2 截面的应变明显大于除 A_1 截面外的其他截面。

波形钢腹板工形构件的截面剪力主要由波形腹板承担，故测量了剪力较大的角部圆弧 C_2 截面的腹板剪应变，荷载-剪应变曲线如图 3.1-8 所示。

由图 3.1-8 可知，随着荷载增加腹板剪应变基本呈线性增加，接近极限荷载 P_u 时，随荷载的增加剪应变急速增加，腹板达到钢材的剪切屈服强度。

3.1.4　波形钢腹板支架有限元模型验证

采用 ANSYS 软件建立上述试验支架的有限元模型，分析该支架的稳定承载性能，并将有限元结果与试验结果对比。

1. 有限元建模

支架的断面尺寸、截面尺寸、约束条件和加载方式均与试验支架相同，采用 SHELL181 单元建立支架的翼缘和腹板。假设钢材为理想弹塑性材料，其弹性模量 $E_s=206\text{GPa}$、泊松比为 $\nu=0.3$，屈服强度为钢材材性试验的实测值 $f_y=289\text{MPa}$。在底部圆弧的两端截面上施加约束，约束该截面节点的三个方向自由度。波形钢腹板支架的有限元模型如图 3.1-9 所示。

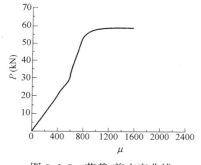

图 3.1-8　荷载-剪应变曲线

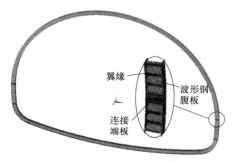

图 3.1-9　波形钢腹板支架的
有限元模型（马蹄形）

2. 有限元分析与试验结果对比

在与试验模型相同的加载点施加集中荷载，进行弹性屈曲分析，再添加钢材非线性的本构关系和 $S/500$ 的初始缺陷（其中 S 是指封闭支架的计算弧长度，取变形起止点间拱轴线弧长度的一半）进行非线性屈曲分析。将分析结果与试验结果对比，计算结果如表 3.1-3 和图 3.1-10 所示。表中承载力 P' 为 3 个加载点极限荷载的平均值，图中纵坐标 P 为各加载点荷载的竖向分量总和，横坐标 d 为支架拱顶竖向位移。

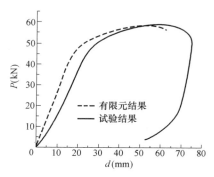

图 3.1-10　试验与有限元结果的
荷载-位移曲线对比（马蹄形）

65

| | | | 试验结果与有限元结果对比（马蹄形） | 表 3.1-3 |

类别	破坏形态	承载力 P'（kN）	极限承载力对应的拱顶竖向位移(mm)
试验结果	非对称失稳	29.6	58.5
有限元结果	非对称失稳	29.2	50.8

从表 3.1-3 和图 3.1-10 中可知，有限元结果和试验结果的极限承载力仅相差 1.4%，极限承载力对应的拱顶竖向位移仅相差 15%，这说明有限元结果与试验结果吻合较好，验证了波形钢腹板支架有限元模型的正确性。

3.1.5 与矿用工字钢支架的对比

参考 12 号矿用工字钢设计试验支架，并建立几何尺寸 1/2 缩尺后的 12 号矿用工字钢支架的有限元模型，在相同约束条件和加载方式下，对比矿用工字钢支架与波形钢腹板支架的非线性屈曲性能。

1. 矿用工字钢支架的有限元建模

同样采用 SHELL181 单元模拟矿用工字钢支架。支架的断面尺寸与波形钢腹板有限元模型支架相同。将矿用工字钢支架缩尺 1/2 后：翼缘宽度 47.5mm，厚 7.5mm，总高度 60mm，腹板厚 5.5mm。矿用工字钢支架的有限元模型如图 3.1-11 所示。

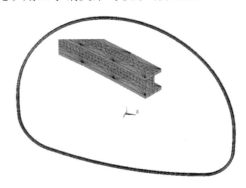

图 3.1-11 矿用工字钢支架的
有限元模型（马蹄形）

2. 有限元非线性屈曲分析

矿用工字钢支架材料的本构关系、约束方式、加载方式及分析方法与波形钢腹板支架相同，两种支架的有限元分析结果如表 3.1-4 所示。表中屈曲荷载为加载点的极限荷载，拱顶竖向位移为极限荷载下的拱顶竖向位移，右侧水平位移为极限荷载下顶部与右侧侧部圆弧连接处的水平位移。

矿用工字钢支架与波形钢腹板支架有限元分析结果对比　表 3.1-4

支架类别	破坏形态	弹性屈曲荷载（kN）	非线性屈曲荷载（kN）	拱顶竖向位移（mm）	右侧水平位移（mm）
矿用工字钢	非对称失稳	37.5	12.5	172	149
波形钢腹板	非对称失稳	204	29.2	50.8	51.0

从表 3.1-4 可知，在支架用钢量基本相同的情况下，波形钢腹板支架的变形仅为矿用工字钢支架的 1/3，稳定承载力为矿用工字钢支架的 2.3 倍，因此波形钢腹板支架的承载性能优于矿用工字钢支架。

3.2　圆形波形钢腹板支架稳定承载性能试验研究

设计了 3 榀圆形波形钢腹板支架，试件为 YX-1、YX-2 和 YX-3，其中试件 YX-1 和试件 YX-2 除腹板高度不同外，断面尺寸、截面参数及试验加载约束条件完全相同，以此分析腹板高度变化对稳定承载力的影响程度。试件 YX-1 和试件 YX-3 断面尺寸和截面参数均相同，仅试验加载约束条件不同。为了对比用钢量基本相同的波形钢腹板支架与矿用工字钢支架的稳定承载力，同时设计了 1 榀与试件 YX-1 断面尺寸和用钢量均相同的 12 号矿用工字钢支架，即试件 KY-1。通过 ANSYS 有限元软件建立试验支架的有限元模型，对其进行非线性屈曲分析，并将有限元结果与试验结果进行对比。

3.2.1　试件设计和材料性能

1. 试件设计

圆形波形钢腹板支架试件由上、下两个半圆弧段组成，两段圆弧之间通过高强度螺栓和端板连接，试件断面尺寸如图 3.2-1 所示。以 12 号矿用工字钢支架为基准设计波形钢腹板的截面尺寸（12 号矿用工字钢支架的截面参数同表 3.1-2 所述），并按照用钢量基本相等的原则确定波形钢腹板试件 YX-1 的截面参数，最终选定试件 YX-1 的截面尺寸为：腹板高度 $h_w = 240mm$，腹板厚度 $t_w = 3mm$，翼缘宽度 $b_f = 120mm$，翼缘厚度

t_f＝12mm，波幅 f＝120mm，波长 λ＝120mm，波形为正弦波，波形钢腹板截面形式和尺寸如图 3.2-2 所示；试件 YX-2 仅将试件 YX-1 的腹板高度由 240mm 变为 300mm，其余截面尺寸不变，以此分析支架腹板高度变化时对其承载力的影响；试件 YX-3 与试件 YX-1 断面尺寸和截面参数均相同，仅试验加载约束条件不同。波形钢腹板支架与矿用工字钢支架均由浙江中隧桥波形腹板有限公司制作。支架试件具体截面尺寸如表 3.2-1 所示。

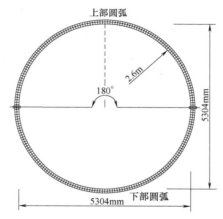

图 3.2-1 支架试件断面尺寸

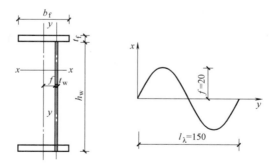

图 3.2-2 波形钢腹板截面形式和尺寸（mm）

支架试件具体截面尺寸   表 3.2-1

项目种类	型号	腹板高度 h_w(m)	腹板厚度 t_w(m)	翼缘宽度 b_f(m)	翼缘厚度 t_f(m)
矿用工字钢试件	KY-1	0.12	0.011	0.095	0.0153

续表

项目种类	型号	腹板高度 h_w(m)	腹板厚度 t_w(m)	翼缘宽度 b_f(m)	翼缘厚度 t_f(m)
波形钢腹板 工形试件	YX-1	0.240	0.003	0.120	0.012
	YX-2	0.300	0.003	0.120	0.012
	YX-3	0.240	0.003	0.120	0.012

2. 材料性能

试件选用 Q235 钢材，根据相关规范设计材料性能试验试件，每种厚度钢板各加工 3 块材性试件，翼缘和腹板材性试件如图 3.2-3 所示，尺寸如表 3.2-2 所示。翼缘和腹板材性试验结果见表 3.2-3 和表 3.2-4。

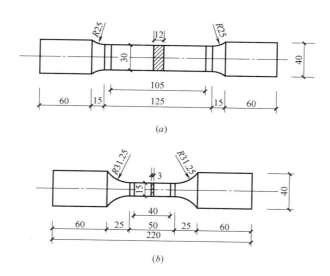

(a)

(b)

图 3.2-3 翼缘和腹板材性试件（mm）

（a）翼缘材性试件；（b）腹板材性试件

材性试验尺寸   表 3.2-2

部位	宽度 b(mm)	厚度 A_0(mm)	截面面积 F_0(mm)	原始标距 L_0(mm)	平行长度 L_P(mm)	试件总长 L(mm)
翼缘	30	12	360	105	125	275
腹板	15	3	45	40	50	220

翼缘材性试验结果   表 3.2-3

试件编号	试样宽度 b(mm)	试样厚度 a(mm)	原始标距 L_0(mm)	断后标距 L_u(mm)	屈服强度 （MPa）	抗拉强度 （MPa）	断后伸长率 （%）
1	30	12	105	134.5	280	435	约 28.1%
2	30	12	105	133	275	430	约 26.7%
3	30	12	105	134.5	270	435	约 28.1%

腹板材性试验结果   表 3.2-4

试样编号	试样宽度 b(mm)	试样厚度 a(mm)	原始标距 L_0(mm)	断后标距 L_u(mm)	屈服强度 （MPa）	抗拉强度 （MPa）	断后伸长率 （%）
1	15	3	40	50	255	425	约 25%
2	15	3	40	52.5	250	425	约 31.25%
3	15	3	40	52.5	250	415	约 31.25%

3.2.2 加载装置和测点布置

1. 加载装置

试验采用卧式巷道支架试验台，该巷道支架性能试验台具备匀速或急剧向支架对称或非对称的加载能力，可测试与检验不同应力状态下全封闭、梯形、拱形和其他异形断面巷道支架的力学性能。巷道支架试验台主要由以下 3 部分组成：

①巷道支架试验台结构框架。主框架内部净空 8500mm，高度 450mm，该主框架为 22 等边形中空结构，内置的千斤顶通过连接销轴与主框架连接，油缸可小幅度摆动以实现水平方向上加载角度的变换；②高精度全自动液压伺服控制系统。由可自身内反馈控制稳定压力的伺服液压控制台及计算机全数字伺服控制系统组成，可根据试验加载设定，控制液压加载系统进行试验加载；③液压加载系统。该液压加载系统共有 20 组可独立控制的通道，每组均能实现相同或不同试验所需压力值，系统通过比例流量调节阀等元器件的相互协调，可实现力或位移的等速或保持稳定加载。每组加载系统对应反力框架上的一个 60t 液压千斤顶，每组对应的液压千斤顶可对试件各个部位施

加相同或不同的荷载且相互之间不受影响。

采取静力单调逐级加载的方式，在达到预计极限荷载值 60% 前，加载量级为 20kN/级；达到预计荷载值 60%～80%，加载量级减少为 10kN/级；在超过预计荷载值 90% 后，缓慢连续加载，加载量级减为 3～5kN/级。每级荷载的持续加载时间为 2～3min，待试件充分变形趋于稳定后，记录测试数据，再进行下一级加载，直到达到支架最大承载能力且开始下降时停止加载。试件 YX-1、试件 YX-2 和试件 KY-1 均为 12 点加载，如图 3.2-4 和图 3.2-5 所示。试件 YX-3

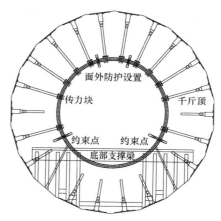

图 3.2-4　试件 YX-1、试件 YX-2
12 点加载

为 16 点加载（类似静水压力均布加载模式），如图 3.2-6 所示。加载点通过传力块将每个千斤顶处的集中荷载转化为局部均布荷载，通过连接加载千斤顶的压力传感器将压力值传到计算机的数据采集设备中，为防止支架在水平面内受力时出现面外失稳状态，在支架相应位置布置面外防护设置，如图 3.2-7 所示。

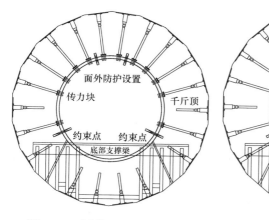

图 3.2-5　试件 KY-1 12 点加载

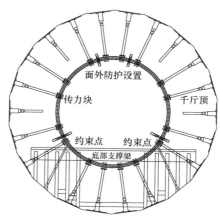

图 3.2-6　试件 YX-3 16 点加载

试件 YX-3 无任何面内约束，当加载到 1698.45kN 时，支架突然出现面内旋转，加载杆与试件脱离，试验结束。试件 YX-1、试件 YX-2 和试件 KY-1 均约束了底部圆弧的两处截面（即与底部中央截面相隔 60°圆心角的左右两侧截面）所有节点的平动自由度。

图 3.2-7　面外防护设置

2. 测点布置

应变测试属于高精度监测，由计算机控制的数据采集系统自动记录，监测精度可以达到数个微应变，可通过微应变级别分析波形钢腹板支架内外翼缘受力情况。应变片分别布置在波形钢腹板支架构件的 5 个截面（见图 3.2-8 中 A_1、A_2、A_3、B_1、B_2）的内外翼缘，以测量波形腹板翼缘的轴向应变，同时在截面的腹板表面沿径向粘贴应变片以测量腹板剪应变，通过 TDS-530 静态应变仪记录加载过程中各应变片的应变。此外，在支架顶弧段垂直中心线和侧弧段水平中心线处（共设置 3 个位移传感器）分别布置位移传感器以测量支架的竖向与水平位移，加载过程中重点关注垂向和水平方向位移传感器的位移量，当位移传感器开始出现大变化时表明支架开始整体失稳破坏，应变片布置如图 3.2-8 所示。

3.2.3　试验结果与分析

1. 荷载-位移曲线

试验过程中试件 YX-1 呈现非对称失稳变形，支架顶部弧段由拱逐渐变平，同时两侧向外变形产生水平方向位移且两侧水平方向位移不同，以

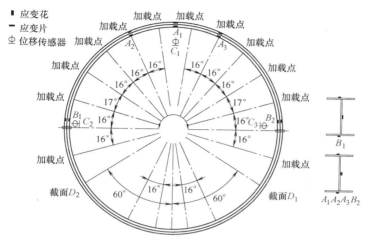

图 3.2-8 应变片布置图（圆形）

右侧水平方向位移为主，左侧水平位移变化不明显，支架失稳形式为整体非对称失稳且未发生局部屈曲，试件 YX-1 试验前后对比如图 3.2-9所示。

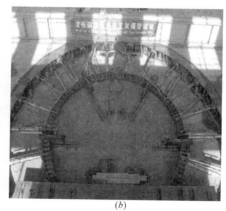

(a) (b)

图 3.2-9 试件 YX-1 试验前后对比图

（a）试验前；（b）试验后

以实际监测到的波形钢腹板支架所有主动荷载之和为纵坐标，以支架拱顶处位移 d_1、水平中心线左右两侧处位移 d_2 和 d_3 为横坐标，绘制试件 YX-1 荷载-位移曲线如图 3.2-10 所示。

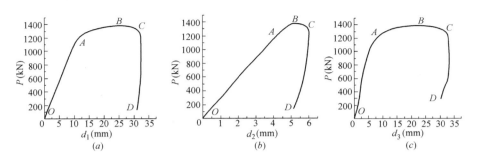

图 3.2-10 试件 YX-1 荷载-位移曲线

（a）荷载-竖向位移；（b）荷载-左侧水平位移；（c）荷载-右侧水平位移

与马蹄形断面荷载-位移曲线类似，支架的变形也可分成 OA、AB、BC 与 CD 4 个阶段：弹性阶段、强化阶段、下降阶段和卸载阶段，各阶段的变化特征与马蹄形断面基本相似，仅在弹性阶段（OA 段）后期有所不同，其中 OA 段后期曲线斜率略下降，整体支架表现出弹塑性特点。当荷载增加到 1271.76kN 时，支架垂直中心线处竖向位移为 13.35mm，此时支架顶部可看出下沉变化，支架仍然处于整体稳定阶段。

为比较腹板高度对波形钢腹板支架稳定承载力的影响，试件 YX-2 仅在试件 YX-1 基础上改变了腹板高度，由 240mm 增加至 300mm，其余参数和试验加载方式都与试件 YX-1 相同。根据采集到的试件 YX-2 荷载与位移数据，绘制试件 YX-2 荷载-位移曲线，如图 3.2-11 所示。

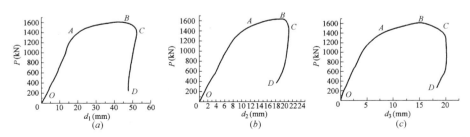

图 3.2-11 试件 YX-2 荷载-位移曲线

（a）荷载-竖向位移；（b）荷载-左侧水平位移；

（c）荷载-右侧水平位移

改变腹板高度后，波形钢腹板支架达到极限承载状态时，支架各个加载点的承载力之和为 1635.27kN。试件 YX-2 的荷载-位移曲线也可分成 4 个阶段。其荷载-位移曲线与试件 YX-1 的荷载-位移曲线变化趋势大体相同，但细节处仍存在几处差异：

（1）弹性阶段（OA 段）后期曲线斜率稍微下降，但没有明显的弹塑性变形阶段。

（2）强化阶段（AB 段）的荷载-位移曲线斜率较弹性阶段降低较大，竖向位移明显增加，变形量也比试件 YX-1 支架大，主要原因是该榀波形钢腹板支架腹板是由梯形波浪腹板经二次加工形成本次试验所需的正弦形波浪腹板，且属于厂家赶工加工质量欠缺，腹板没有与翼缘相垂直且腹板连接处存在扇形区。支架左右两侧水平方向位移相差不大，支架为正对称变形形态。

试件 YX-2 支架试验前后对比如图 3.2-12 所示。

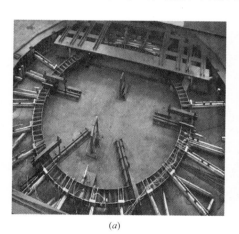 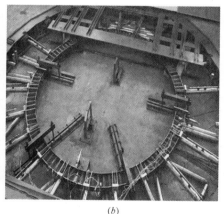

（a）   （b）

图 3.2-12　试件 YX-2 支架试验前后对比图

（a）试验前；（b）试验后

如表 3.2-5 所示，试件 YX-2 相对试件 YX-1 腹板高度由 0.240m 增加为 0.300m，增幅为 25%，其余参数不变，其波形钢腹板支架极限承载力由 1386.25kN 增加为 1635.27kN，增幅约为 17.96%，表明腹板高度对其承载力影响较为显著。

试件 YX-1 和试件 YX-2 数据对比　　　　　　表 3.2-5

试件 名称	支架总重量 （kg）	极限承载力 （kN）	对应位移 （mm）	最大位移 （mm）	支架单位重量承载能力 （kN/kg）
试件 YX-1	528	1386.25	25.45	33.25	约 2.63
试件 YX-2	612	1635.27	40.07	49.68	约 2.67

　　为研究加载方法和约束条件对波形钢腹板支架稳定承载力的影响，进行了一榀波形钢腹板圆形支架试件 YX-3 试验，该试件与试件 YX-1 断面尺寸及截面参数完全相同，仅加载方式和约束方式不同，加载点布置为16 点同步均匀加载，加载布置如图 3.2-6 所示，支架无任何面内约束。当支架荷载达到 1698.45kN 时支架突然出现面内旋转，加载杆与试件脱离，试验结束，试验结果与数值模拟有所偏差，这是由于数值模拟分析时施加的荷载不需要反力系统，施加的荷载可以随着加载点与试件共同变形，力的方向始终指向半径方向；但实际的加载装置，液压千斤顶必须固定在反力架上之后才能作用在支架，千斤顶和反力架可能会限制支架的变形，同时千斤顶施加的荷载不能像数值模拟始终沿着半径方向，因此存在垂直于半径方向的切向力，由于支架没有任何约束，造成垂直半径的切向力达到一定程度时支架出现面内旋转。试件 YX-3 荷载-位移曲线如图 3.2-13 所示。

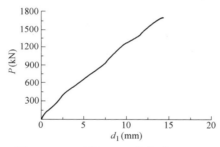

图 3.2-13　试件 YX-3 荷载-位移曲线

　　通过 ANSYS 有限元软件建立与试件 YX-3 相同用钢量的 12 号矿用工字钢支架有限元模型，其断面尺寸、加载方式和约束条件均与试件 YX-3 相同，进行非线性屈曲分析。有限元结果表明：矿用工字钢支架达到极限状态时最大承载力为 1061.92kN，顶部最大位移为 66.75mm；而波形钢腹板试件 YX-3 在发生转动之前的弹性阶段承载力已达1698.45kN，经对比发现波形钢腹板支架优于矿用工字钢支架。

2. 波形钢腹板支架应变分析

　　与马蹄形断面相同，采用静态电阻应变片测量加载过程中支架截面的翼缘轴向应变和腹板剪应变，绘制各个测点的微应变 $\mu\varepsilon$ 随所有主动荷载之和 P 的变化曲线，如图 3.2-14 所示。图中远离波形钢腹板支架中心为上翼缘，靠近波形钢腹板支架中心为下翼缘；拉应变为正、压应变为负。

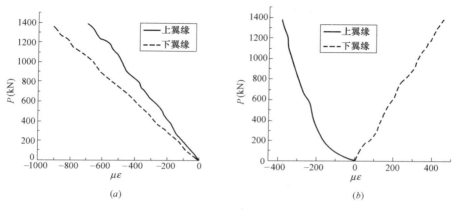

图 3.2-14　截面荷载-轴向应变曲线
(*a*) A_1 截面；(*b*) B_1 截面

从图 3.2-14 曲线可知，A_1 截面上下翼缘受压，B_1 截面上翼缘受压，下翼缘受拉。除个别截面外，大部分截面均受压，说明圆形支架以纯压为主。波形钢腹板支架顶部圆弧段截面压应变最大且进入塑性阶段，其余截面处应变较小，均未进入塑性阶段。说明支架发生损坏时大部分截面并没有发生强度破坏，而是由于支架整体失稳产生较大变形造成支架破坏。

3. 与矿用 12 号工字钢支架试验对比

为比较用钢量基本相同的波形钢腹板支架与 12 号矿用工字钢支架承载能力的差异，特制作与波形钢腹板支架用钢量基本相同的圆形断面 12 号矿用工字钢支架，试件编号为 KY-1，其断面尺寸、加载方式及约束条件和加载系统均相同。根据试验采集的 12 号矿用工字钢支架荷载与位移数据，绘制荷载-位移曲线，如图 3.2-15 所示。

如图 3.2-15 所示，12 号矿用工字钢支架达到极限状态时的极限承载力为 944.28kN，支架中心线最大竖向位移为 43.05mm。试件 KY-1 试验前后对比如图 3.2-16 所示。曲线变化特征与圆形断面波形钢腹板支架基本相似，仅在强化阶段（*AB* 段）有所差异，这一阶段的荷载-位移曲线斜率较圆形断面支架的弹性阶段降低较大，竖向位移增加较快，变形量也比波形钢腹板支架大。

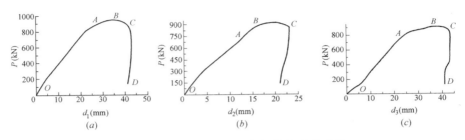

图 3.2-15　12 号矿用工字钢荷载-位移曲线

（a）竖向位移；（b）左侧水平位移；（c）右侧水平位移

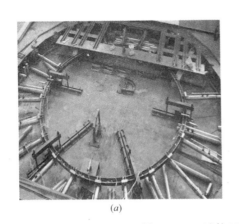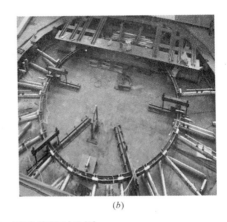

图 3.2-16　试件 KY-1 试验前后对比图

（a）试验前；（b）试验后

4. 各支架的承载能力对比分析

由表 3.2-6 可知，波形钢腹板支架承载力明显高于 12 号矿用工字钢支架，试件 YX-1 波形钢腹板支架与 12 号矿用工字钢支架用钢量基本相同，其极限承载力分别为 1386.25kN 和 944.28kN，波形钢腹板支架较矿用工字钢支架承载力提高了约 46.80%，其单位重量承载能力约为矿用工字钢的 1.49 倍，且极限承载力对应位移和最大位移均小于矿用工字钢，说明波形钢腹板支架的承载力和经济性明显优于矿用工字钢支架。

3.2.4　波形钢腹板支架有限元模型验证

建立试件 YX-1 试验支架的有限元模型，采用与试验相同的约束条件和加载方式，分析该支架的稳定承载性能，并将有限元结果与试验结果对比。

各支架的承载能力数据对比　　　　　　　　表 3.2-6

试件	支架总重量（kg）	极限承载力（kN）	对应位移（mm）	最大位移（mm）	支架单位重量承载能力（kN/kg）
试件 YX-1	528	1386.25	25.45	33.25	约 2.63
试件 YX-2	612	1635.27	40.07	49.68	约 2.67
试件 KY-1	536	944.28	35.56	42.35	约 1.76

1. 试验支架的有限元建模

支架结构的翼缘、腹板、连接端板均采用壳单元 SHELL181。钢材假设为理想弹塑性材料，其弹性模量 $E_s=206\text{GPa}$，泊松比 $\nu=0.3$，屈服强度采用钢材材性试验的实测值 $f_y=275\text{MPa}$。约束距离最底部圆形两边 $60°$ 截面节点上的三个方向自由度，试件 YX-1 波形钢腹板支架的有限元模型如图 3.2-17 所示。

2. 试验结果与有限元结果对比

对试验支架有限元模型进行非线性屈曲分析后，将试验结果与有限元结果进行对比，如表 3.2-7 和图 3.2-18 所示，其中承载力 P 为所有主动荷载之和，横坐标 d 为支架拱顶处竖向位移。

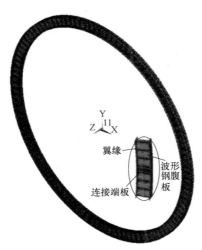

图 3.2-17　试件 YX-1 波形钢腹板支架的有限元模型

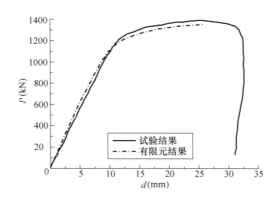

图 3.2-18 试验结果与有限元结果曲线对比

试验结果与有限元结果对比（圆形）　　　　表 3.2-7

项目	破坏 形态	非线性屈曲荷载 （kN）	拱顶竖向位移 （mm）	右侧水平位移 （mm）
有限元模型	非对称失稳	1349.66	34.91	35.17
波形钢腹板试验	非对称失稳	1386.25	32.59	33.25

从表 3.2-7 可以看出，有限元模型分析结果与试验所得结果吻合较好，支架达到极限状态时有限元计算的极限承载力比试验支架达到的极限承载力少 36.59kN，支架拱顶处竖向位移相差 2.32mm，支架右侧水平位移相差 1.92mm，验证了波形钢腹板支架结构有限元模型的可靠性。

3.3 直墙半圆拱形波形钢腹板支架稳定承载性能试验研究

设计了 2 榀直墙半圆拱形波形钢腹板支架试件，试件编号为 ZQ-1 和 ZQ-2。其中，试件 ZQ-2 除翼缘厚度与试件 ZQ-1 不同外，断面尺寸、截面参数及试验加载约束条件完全相同。建立试验支架的有限元模型，将两者结果进行对比，分析翼缘厚度变化对波形钢腹板支架承载能力的影响程度。

3.3.1　试件设计及材料性能

1. 试件设计

支架由顶部半圆弧段、左直腿段和右直腿段组成，顶部半圆弧段通过节点板和高强度螺栓与直腿段连接。支架拼接节点 1-1 采用高强度螺栓端板拼接，如图 3.3-1（a）所示；节点 3-3 是先将支架直腿段与端板焊接，再将端板固定在加载支架上，如图 3.3-1（b）所示。支架试件设计示意图如图 3.3-2 所示。支架宽 5200mm、高 4250mm，波形钢腹板支架截面

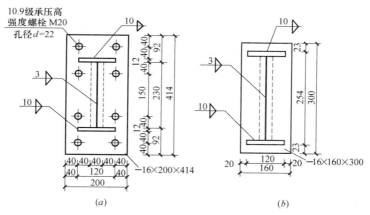

图 3.3-1　支架拼接节点（mm）

（a）1-1 截面图；（b）3-3 截面图

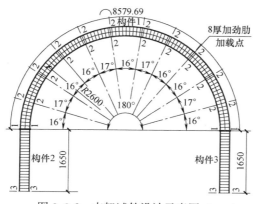

图 3.3-2　支架试件设计示意图（mm）

参数如表 3.3-1 所示，波形钢腹板波幅 f 为 20mm，波长 λ 为 150mm。

波形钢腹板支架截面参数   表 3.3-1

项目	试件	腹板高度 h_w(m)	腹板厚度 t_w(m)	翼缘宽度 b_f(m)	翼缘厚度 t_f(m)
波形钢腹板支架	ZQ-1	0.230	0.003	0.120	0.012
	ZQ-2	0.230	0.003	0.120	0.016

2. 材料性能

直墙半圆拱形波形钢腹板支架试件均选用 Q235 钢，为测试钢材性能，进行金属拉伸试验，根据相关标准设计材料性能试验试件，每种厚度钢板各加工 3 块材性试件，腹板材性试件与圆形波形钢腹板支架相同，此处不再赘述，见 3.2.1 节中 2. 材料性能。翼缘材性试件如图 3.3-3 所示，翼缘材性试验结果见表 3.3-2。

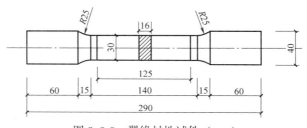

图 3.3-3　翼缘材性试件（mm）

翼缘材性试验结果   表 3.3-2

试件编号	试件宽度 b(mm)	试件厚度 a(mm)	原始标距 L_0(mm)	断后标距 L_u(mm)	屈服强度（MPa）	抗拉强度（MPa）	断后伸长率（%）
1	30	16	125	163.75	260	415	31.00
2	30	16	125	161.25	260	420	29.00
3	30	16	125	162.5	265	430	30.00

3.3.2　加载装置和测点布置

1. 加载装置

直墙半圆拱形波形钢腹板支架采用卧式巷道支架试验台试验。为合理地模拟波形钢腹板支架在煤矿巷道中的受力状态，在支架上半圆弧段采用

10点均布加载（近似静水压力均布加载），通过承压传力块将千斤顶径向集中荷载转化为径向局部均布荷载，传力块表面紧贴支架上翼缘加载点表面，通过螺栓固定在支架上。为防止支架在水平面内受力时出现面外失稳状态，在支架的肩部和左右两侧直腿段设置面外防护装置。支架的加载装置如图 3.3-4 所示，试验的加载方案同为静力单调逐级加载的方式，具体操作方法见 3.2.2 节内容所述。通过有限元数值模拟计算试件 ZQ-1 和试件 ZQ-2 波形钢腹板支架的极限荷载，预计极限荷载值分别为 1266.9kN 和 1636.27kN。

2. 测点布置

波形钢腹板支架的应变片和位移传感器测点布置如图 3.3-5 所示。试验步骤为：先将波形钢腹板支架在地面组装好，再放样对中找出半圆弧的中心位置，吊装支架到试验平台，安装面外防护装置，画出对应应变片的位置，打磨并粘贴应变片，安装位移传感器，并连接好相应电线，一切准备就绪并观察试验平台周围确保无危险物品后再开始试验。

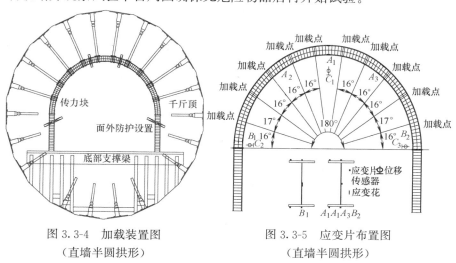

图 3.3-4　加载装置图　　　　图 3.3-5　应变片布置图
（直墙半圆拱形）　　　　　　（直墙半圆拱形）

3.3.3　试验结果与分析

1. 荷载-位移曲线

（1）试件 ZQ-1 结果：根据试验监测到的波形钢腹板支架的荷载和位移数据，以所有主动荷载标量和为纵坐标，以支架顶部半圆弧段中心位置

的竖向位移 d_1、顶部半圆弧段与左侧直腿段相连接处的水平位移 d_2 及顶部半圆弧段与右侧直腿段相连接处的水平位移 d_3 为横坐标绘制荷载-位移曲线，如图 3.3-6 所示。支架破坏时为整体非对称变形，未发生局部失稳，顶部弧段被压平，右侧直腿与半圆弧连接处水平位移最大。受场地和试件的影响，试验试件存在初始几何缺陷，加载千斤顶在运行中也不能实现同步 10 点均布加载，支架几何非线性效应增大，故它的平衡路径会过早偏离线弹性路线，发生平面内的弹塑性非对称失稳破坏（由于各种缺陷如几何缺陷、残余应力、加载不能同步等原因造成支架出现了左右两侧位移不等，故此处称为"非对称失稳"）。

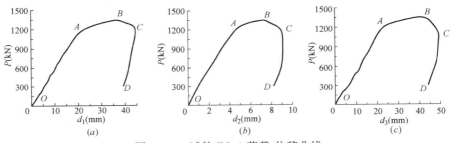

图 3.3-6 试件 ZQ-1 荷载-位移曲线

（a）荷载-竖向位移；（b）荷载-左侧水平方向位移；（c）荷载-右侧水平方向位移

由图 3.3-6 可知，试件 ZQ-1 的荷载-位移曲线可以分成 OA、AB、BC 和 CD 四个阶段，不同阶段的具体变化特征如下：

OA 段即弹性阶段。这一阶段随着荷载的增加位移持续增长，支架左右侧水平位移相差逐渐增大，以右侧水平位移为主，支架整体处于稳定阶段。

AB 段即弹塑性阶段。这一阶段位移增长较快而荷载上升缓慢，支架顶部半圆弧段被压平，右侧水平位移持续增大，支架向右倾斜进入失稳阶段。

BC 段即失稳破坏阶段。曲线下降，这一阶段荷载不断下降。

CD 段即卸载段。卸载后支架整体有位移恢复。支架试验前后对比如图 3.3-7 所示。

（2）试件 ZQ-2 结果与分析：试件 ZQ-2 与试件 ZQ-1 使用同一加载设备，加载方式与约束条件完全相同，仅改变了波形钢腹板翼缘的厚度。支架最终破坏形式为整体非对称失稳变形，且未发生局部破坏，根据实际监测到的波形钢腹板支架荷载与位移数据，分别绘制荷载-位移曲线如图 3.3-8 所示。

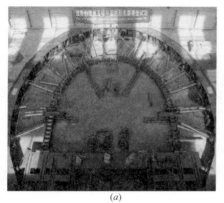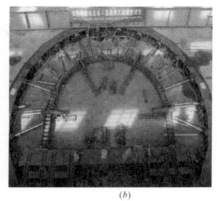

(a)　　　　　　　　　　　　　　　(b)

图 3.3-7　试件 ZQ-1 试验前后对比图

（a）试验前；（b）试验后

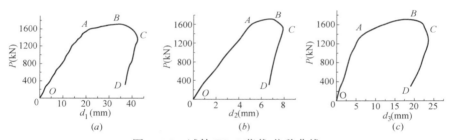

(a)　　　　　　　　　　(b)　　　　　　　　　　(c)

图 3.3-8　试件 ZQ-2 荷载-位移曲线

（a）竖向位移；（b）左侧水平位移；（c）右侧水平位移

2. 稳定承载力对比

如表 3.3-3 所示，支架 ZQ-1 和支架 ZQ-2 均为非对称失稳，试件 ZQ-2 翼缘厚度由 12mm 增为 16mm，增幅约为 33%，相应承载力由 1352.6kN 提高至 1722.9kN，提高了约 27.38%；拱顶竖向位移由 32.25mm 增加至 35.6mm，提高了约 10.39%；支架的单位承载力由 3.29kN/kg 提高至 3.43kN/kg，提高了约 4.26%。这说明翼缘厚度对支架的承载性能有显著影响。

波形钢腹板支架试验结果表　　　　　　　　表 3.3-3

试件名称	破坏形态	支架总重量（kg）	承载力 P'（kN）	极限承载力对应的拱顶竖向位移(mm)	支架单位重量承载能力(kN/kg)
ZQ-1	非对称失稳	411	1352.6	32.25	约 3.29
ZQ-2	非对称失稳	502	1722.9	35.26	约 3.43

3.3.4　波形钢腹板支架有限元模型验证

　　支架有限元模型的断面尺寸及截面参数均与试件 YX-1 相同，支架的翼缘和腹板都采用 SHELL181 单元。假设钢材为理想弹塑性材料，其弹性模量 E_s＝206GPa，泊松比为 ν＝0.3，屈服强度采用钢材材性试验的实测值 f_y＝262MPa。试验支架弧形段的拼接节点 1-1 采用高强度螺栓连接，为刚性连接，因此在有限元模型中支架将两端端板直接节点耦合所有自由度处理。对于两直腿柱脚截面 3-3（图 3.3-2），约束该截面上节点的三个方向平动自由度和转动自由度。支架的有限元模型如图 3.3-9 所示。

图 3.3-9　波形钢腹板支架的有限元模型（直墙半圆拱形）

　　与试验试件 ZQ-1 施加相同的 10 个加载点，进行非线性屈曲分析，将分析结果与试验结果进行对比，如图 3.3-10 和表 3.3-4 所示。图中纵坐标为 10 个加载点极限荷载之和，横坐标为半圆弧段拱顶的竖向位移。根据对比可知，试验模型和有限元分析所得的极限承载力仅相差 85.7kN，极限承载力对应的拱顶竖向位移也仅仅相差 4.38mm，试验曲线与有限元曲线较吻合，这表明有限元分析结果与试验结果吻合较好，验证了波形钢腹板支架有限元模型的正确性。

试验结果与有限元结果对比（直墙半圆拱形）　　　　　表 3.3-4

类别	破坏形态	承载力 P'(kN)	极限承载力对应的 拱顶竖向位移(mm)
试验结果	非对称失稳	1352.6	32.25
有限元结果	非对称失稳	1266.9	27.87

3.3.5　与矿用工字钢支架的对比

　　设计与试件 ZQ-1 用钢量相同的矿用工字钢支架，该支架同样采用 SHELL181 单元建模。矿用工字钢支架的断面尺寸为：翼缘宽度 95mm，厚 15mm，总高度 120mm，腹板厚 11mm。支架达到极限状态时承载力为 1027.2kN，对应竖向最大位移为 40.05mm。矿用工字钢支架的加载方式、边界约束条件和分析方法与波形钢腹板支架相同，矿用工字钢支架的有限元模型和失稳变形云图如图 3.3-11 和图 3.3-12 所示，将两种支架的有限元分析结果对比，如表 3.3-5 所示。

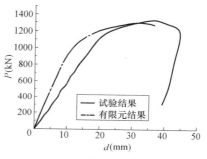

图 3.3-10　试验与有限元结果的荷载-位移曲线对比（直墙半圆拱形）

图 3.3-11　矿用工字钢支架的有限元模型（直墙半圆拱形）

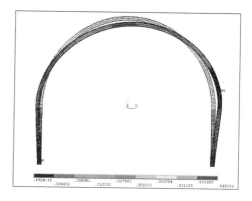

图 3.3-12　矿用工字钢支架的失稳变形云图（直墙半圆拱形）

　　从表 3.3-5 可以看出：在用钢量基本相同的前提下，波形钢腹板试件 ZQ-1 的承载力比矿用工字钢支架提高了约 31.68%，其变形约为矿用工字钢支架的 80.52% 左右，且波形钢腹板支架的单位重量承载能力约是矿用工字钢支架的 1.36 倍，这说明波形钢腹板支架的稳定承载性能优于矿用工字钢支架。

矿用工字钢支架与试件 ZQ-1 有限元分析结果对比　　表 3.3-5

支架类别	破坏形态	支架总重量（kg）	承载力（kN）	拱顶竖向位移（mm）	支架单位重量承载能力(kN/kg)
矿用工字钢	非对称失稳	425	1027.2	40.05	约 2.42
试件 ZQ-1	非对称失稳	411	1352.6	32.25	约 3.29

4 波形钢腹板支架结构平面内弹性及弹塑性屈曲性能

本章基于前述研究结果，利用有限元软件对波形钢腹板支架进行弹性屈曲分析和弹塑性屈曲分析，以定性了解波形钢腹板支架的平面内稳定问题，从而对该结构的稳定性进行分析与预测。

4.1 波形钢腹板支架弹性屈曲分析

本节主要对静水压力下马蹄形断面、圆形断面和直墙半圆拱形断面的波形钢腹板支架进行弹性屈曲分析。马蹄形断面和直墙半圆拱形断面在静水压力下支架处于压弯状态，圆形断面在静水压力下支架处于纯压状态。

首先，对某一设定截面尺寸的波形钢腹板支架进行弹性屈曲分析，得到支架前两阶弹性屈曲荷载和屈曲模态，其中第一阶弹性屈曲荷载简称为弹性屈曲荷载；基于某设定截面尺寸，考察截面尺寸各参数和支架长细比对支架弹性屈曲荷载的影响；对截面尺寸各参数进行正交设计，选择出具有代表性的一系列波形钢腹板工形截面尺寸，对每一种截面尺寸进行不同长细比下的弹性屈曲荷载计算，研究弹性屈曲荷载系数与长细比的关系并拟合出相关公式，最终提出适用于波形钢腹板支架在静水压力下的弹性屈曲荷载计算公式，为后续的弹塑性稳定性分析提供基础。

4.1.1 算例分析

1. 有限元建模

利用 ANSYS 有限元软件分别建立了马蹄形断面支架、圆形断面支架和直墙半圆拱断面支架的有限元模型，分别进行弹性屈曲分析。

马蹄形断面支架参照国内马蹄形隧道工程实例的断面尺寸，支架跨度 $L=12\mathrm{m}$、支架高度 $H=9.112\mathrm{m}$，各圆弧半径为：顶部圆弧半径 $R_1=$

6m，侧面圆弧半径 R_2＝14m，角部圆弧半径 R_3＝1.2m，底部圆弧半径 R_4＝22m，对应圆心角为：顶部圆弧圆心角 α_1＝180°，侧部圆弧圆心角 α_2＝5.62°，角部圆弧圆心角 α_3＝71.21°，底部圆弧圆心角 α_4＝26.34°；圆形断面支架的半径 R_1＝6m，与马蹄形支架顶部圆弧半径 R_1 相等；直墙半圆拱断面支架跨度 L＝5.2m、支架高度 H＝4.25m、半圆拱形半径 R_1＝2.6m。各断面尺寸及加载示意图如图 4.1-1 所示。

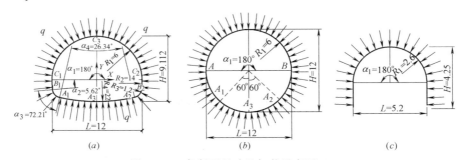

图 4.1-1　各断面尺寸及加载示意图（m）
（*a*）马蹄形断面；（*b*）圆形断面；（*c*）直墙半圆拱形断面

马蹄形支架和圆形断面支架的截面参数相同，截面参数设置如下：波形钢腹板波幅 f＝20mm，波长 λ＝150mm，腹板高度 h_w＝220mm，腹板厚度 t_w＝3mm，翼缘宽度 b_f＝150mm，翼缘厚度 t_f＝10mm；直墙半圆拱形断面支架截面参数如下：波幅 f＝20mm，波长 λ＝150mm，腹板高度 h_w＝230mm，腹板厚度 t_w＝3mm，翼缘宽度 b_f＝120mm，翼缘厚度 t_f＝12mm。各断面支架参数如表 4.1-1 所示。

各断面支架参数表　　　　　　　　　　　　　　表 4.1-1

断面支架类型	腹板高度 （mm）	腹板厚度 （mm）	翼缘宽度 （mm）	翼缘厚度 （mm）	波幅 （mm）	波长 （mm）
马蹄形和圆形	220	3	150	10	20	150
直墙半圆拱形	230	3	120	12	20	150

腹板及翼缘均采用 SHELL181 单元模拟。进行弹性屈曲分析时，假设钢材为线弹性材料，钢材弹性模量 E_s＝2.06×10^{5}MPa，泊松比 ν＝0.30。

由于实际工程中，支架的底部圆弧上一般还需铺设土石并浇筑混凝土形成平整的路面，相当于对底部圆弧施加了一定的约束，因此马蹄形断面和圆形断面支架采用三点铰接约束。对于马蹄形断面支架，约束底部圆弧的 3 处截面：底部圆弧中央截面［图 4.1-1（a）中 A_3 截面］、底部圆弧两端截面［图 4.1-1（a）中 A_1 截面和 A_2 截面］；对于圆形断面支架，约束底部中央截面［图 4.1-1（b）中 A_3 截面］及与之相隔 60°圆心角的左右两侧截面［图 4.1-1（b）中 A_1、A_2 截面］；由于直墙半圆拱形断面支架无底部圆弧段，故采用与试验相同的约束方式，在两直腿底部截面上施加约束，既约束截面上节点的三个方向自由度。我们研究的是支架平面内稳定性，为了避免支架发生平面外失稳，约束 3 个支架的翼缘外边缘节点的纵向自由度。波形钢腹板支架有限元模型如图 4.1-2 所示。

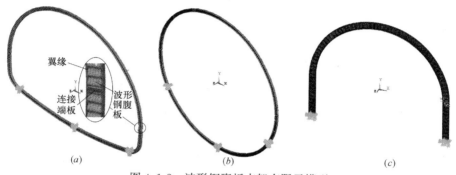

图 4.1-2　波形钢腹板支架有限元模型
（a）马蹄形断面；（b）圆形断面；（c）直墙半圆拱形断面

2. 弹性屈曲分析结果

支架前两阶的屈曲模态及其对应的弹性屈曲荷载，如图 4.1-3～图 4.1-5 所示。

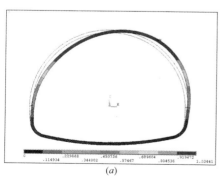
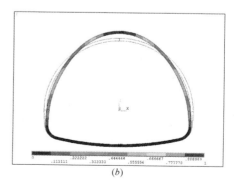

图 4.1-3　马蹄形断面支架弹性屈曲模态
（a）支架一阶屈曲模态；（b）支架二阶屈曲模态

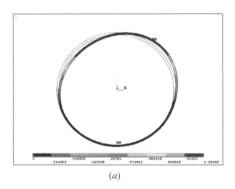 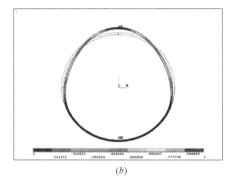

(a)　　　　　　　　　　　　　　(b)

图 4.1-4　圆形断面支架弹性屈曲模态

（a）支架一阶屈曲模态；（b）支架二阶屈曲模态

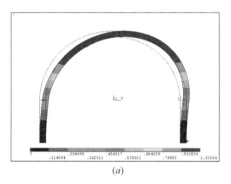 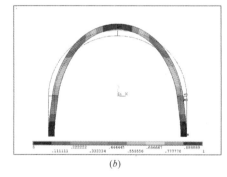

(a)　　　　　　　　　　　　　　(b)

图 4.1-5　直墙半圆拱形支架弹性屈曲模态

（a）支架一阶屈曲模态；（b）支架二阶屈曲模态

　　由图 4.1-3 和图 4.1-4 可知，马蹄形断面支架和圆形断面支架的弹性屈曲荷载仅相差 1.8%，且一阶屈曲模态均为顶部圆弧的反对称失稳。其原因主要是由于弹性屈曲分析不考虑材料强度的限制和支架大变形的影响。在静水压力下，无论是处于纯压状态的圆形断面支架还是处于压弯状态的马蹄形断面支架，其截面尺寸相同，断面半径相当（马蹄形断面支架的顶部圆弧半径 R_1 与圆形断面支架的半径 R 相等），失稳的主导部分是上部圆弧。

　　综合图 4.1-3～图 4.1-5 可知，马蹄形断面、圆形断面和直墙半圆拱形断面波形钢腹板支架均为一阶屈曲模态反对称失稳、二阶屈曲模态对称失稳，且二阶屈曲荷载约为一阶屈曲荷载的 1.6 倍，说明 3 种断面形式的波形钢腹板支架更容易发生反对称失稳。

4.1.2 参数分析

1. 截面尺寸各参数的影响

为了研究支架结构的弹性屈曲荷载 q_{cr} 随各参数的变化情况，以 4.1.1 中支架的断面尺寸和截面尺寸为基础，分别变化波形钢腹板支架的截面各参数，如腹板高度 h_w、腹板厚度 t_w、翼缘宽度 b_f、翼缘厚度 t_f，得到弹性屈曲荷载随参数变化曲线如图 4.1-6～图 4.1-9 所示。

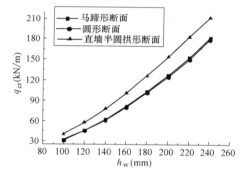

图 4.1-6　弹性屈曲荷载与参数变化曲线（腹板高度）

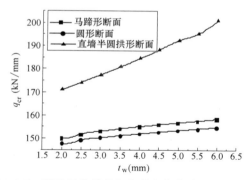

图 4.1-7　弹性屈曲荷载与参数变化曲线（腹板厚度）

由图 4.1-6 可知，马蹄形断面支架、圆形断面支架和直墙半圆拱形断面支架的弹性屈曲荷载均随腹板高度增加而显著增加，且增长速度呈现非线性增长的趋势。对于马蹄形断面支架和圆形断面支架，其圆弧段半径相同，当两种支架截面相同时，其弹性屈曲荷载基本相同。腹板高度由

100mm 增加至 240mm，马蹄形断面支架的屈曲荷载由 32.1kN/m 增加至 181.5kN/m，圆形断面支架的屈曲荷载由 31.45kN/m 增加至 178.62N/m，直墙半圆拱形断面支架的屈曲荷载由 40.42kN/m 增加至 211.62kN/m。因此，腹板高度对 3 种支架的影响趋势相近。

由图 4.1-7 可知，3 种支架的弹性屈曲荷载随着腹板厚度增加而增加，均呈现线性增长趋势，其中直墙半圆拱形断面支架随腹板厚度增加其弹性屈曲荷载增加较为显著。腹板厚度由 2mm 增加至 6mm，马蹄形断面支架的屈曲荷载由 150.1kN/m 增加至 158.4kN/m，圆形断面支架的屈曲荷载由 147.79kN/m 增加至 154.91N/m，直墙半圆拱形断面支架的屈曲荷载由 170.93kN/m 增至为 201.15kN/m。因此，腹板厚度对直墙半圆拱形断面支架的影响略高于对马蹄形断面支架和圆形支架的影响。

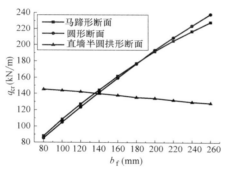 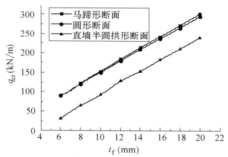

图 4.1-8　弹性屈曲荷载　　　　　图 4.1-9　弹性屈曲荷载
与参数变化曲线（翼缘宽度）　　与参数变化曲线（翼缘厚度）

由图 4.1-8 可知，马蹄形断面和圆形断面支架的弹性屈曲荷载随着翼缘宽度增加而增加，基本呈线性增长关系；直墙半圆拱形断面支架的弹性屈曲荷载随翼缘宽度的增加而减少。翼缘宽度由 80mm 增加至 260mm，马蹄形断面支架的屈曲荷载由 88kN/m 增加为 228kN/m，圆形断面支架的屈曲荷载由 85.31kN/m 增加为 237.68N/m，直墙半圆拱形断面支架的屈曲荷载由 145.15kN/m 减少为 127.96kN/m。因此，翼缘宽度对圆形断面支架的影响略高于对马蹄形断面支架的影响，且翼缘宽度与直墙半圆拱形断面支架的屈曲荷载为递减函数关系。

由图 4.1-9 可知，3 种支架的弹性屈曲荷载随着翼缘厚度增加而增加，3 种断面支架的增长趋势相近，基本呈线性增长关系。翼缘厚度由

6mm 增加至 20mm，马蹄形断面支架的屈曲荷载由 91.47kN/m 增加至 300.9kN/m，圆形断面支架的屈曲荷载由 91.05kN/m 增加至 294.29kN/m，直墙半圆拱形断面支架的屈曲荷载由 32.15kN/m 增加至 240.69kN/m。翼缘厚度对直墙半圆拱形断面支架的影响高于对马蹄形断面支架和圆形断面支架的影响。

综合图 4.1-6～图 4.1-9 的分析结果可知：

（1）在静水压力下，无论是处于纯压状态的圆形断面支架还是处于压弯状态的马蹄形断面支架和直墙半圆拱形断面支架，其弹性屈曲荷载随着腹板高度和翼缘厚度的增加而显著增加；且当截面尺寸相同，断面半径相当，其弹性屈曲荷载基本相等。

（2）综合 3 种支架的屈曲荷载与截面尺寸曲线可知，对于波形钢腹板支架结构，腹板厚度 t_w、翼缘宽度 b_f 对支架的弹性屈曲荷载的影响较小，而腹板高度 h_w、翼缘厚度 t_f 对弹性屈曲荷载影响较大，是较敏感参数，弹性屈曲荷载随着这两个参数的增加而显著增加。

2. 长细比的影响

由文献 [1] 知，拱结构构件的几何长细比 λ_x 如式（4.1-1）所示。

$$\lambda_x = S / i_x \qquad (4.1\text{-}1)$$

$$i_x = \sqrt{\frac{I_x}{A}} \qquad (4.1\text{-}2)$$

式中　i_x——构件截面对主轴 x 的回转半径；

　　　I_x——构件截面对主轴 x 的惯性矩，参照普通工字钢的方法进行计算；

　　　S——封闭支架的计算弧长度，取变形起止点间轴线弧长度的一半，具体取值方法如下：

对于马蹄形断面支架，由图 4.1-3（a）可知，其一阶失稳模态的变形主要发生在顶部和侧面圆弧上，角部圆弧的变形非常小，故可以认为支架失稳的起始点位于左侧侧部圆弧与左侧角部圆弧的交点，终点位于右侧侧部圆弧与右侧角部圆弧的交点，即图 4.1-1（a）所示的半径为 R_2 的侧部圆弧和半径为 R_3 的角部圆弧的两个交点 B_1、B_2，故 S 可根据式（4.1-3）计算。侧面圆弧和顶部圆弧的圆心角保持不变，顶部圆弧半径 R_1 与侧部圆弧半径 R_2 保持 3:7 不变，计算弧长度 S 可以仅用顶部圆弧的半径 R_1 表示，如式（4.1-4）所示。

对于圆形断面支架，由 4.1.2 内容中截面尺寸各参数的影响可知，在圆形支架半径 R 与马蹄形断面支架顶部圆弧半径 R_1 相同的情况下，同一截面尺寸的圆形断面支架和马蹄形断面支架的弹性屈曲荷载几乎相等。说明在相同截面、相同顶部半径的情况下，圆形断面支架与马蹄形断面支架的长细比 λ_x 是相同的，计算弧长度 S 是相同的，因此与马蹄形断面支架类似，圆形断面支架的计算弧长度 S 也可用圆弧半径 R 表示，如式（4.1-5）所示。

$$S=(L_{R_1}+2L_{R_2})/2=L_{R_1}/2+L_{R_2} \qquad (4.1\text{-}3)$$

式中　　L_{R_1}——顶部圆弧（半径为 R_1）的圆弧长度；

L_{R_2}——侧部圆弧（半径为 R_2）的圆弧长度。

$$S=1.8R_1 \quad （马蹄形） \qquad (4.1\text{-}4)$$

$$S=1.8R \quad （圆形） \qquad (4.1\text{-}5)$$

由式（4.1-5）得出，圆形支架的计算弧长度 $S=1.8R$，相当于 $103°$ 圆心角对应的弧长度，即失稳起始点间圆心角约为 $103°×2=206°$，与图 4.1-4（a）所显示的圆形断面支架结构的一阶失稳形式基本一致。

波形钢腹板支架的长细比如式（4.1-1）所示，因此考察支架长细比 λ_x 对整体弹性屈曲荷载的影响，可通过改变计算弧长度 S、截面回转半径 i_x 来改变长细比。其中截面的回转半径主要与腹板高度、翼缘厚度、腹板厚度有关。通过有限元计算，整理出长细比与整体屈曲荷载之间的关系曲线，如图 4.1-10 所示。

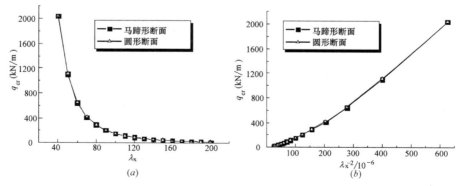

图 4.1-10　长细比与整体屈曲荷载之间的关系

（a）与 λ_x 的关系；（b）与 λ_x^{-2} 的关系

由图 4.1-10 可知：

（1）在同一长细比下，马蹄形断面和圆形断面的波形钢腹板支架弹性屈曲荷载相同，这是因为弹性屈曲分析不考虑材料强度的限制和支架大变形的影响。在静水压力下，无论是处于纯压状态的圆形支架，还是处于压弯状态的马蹄形支架，只要其截面尺寸相同，断面半径相等（马蹄形支架的顶部圆弧半径 R_1 与圆形支架的半径 R 相等），即支架的长细比相等，其弹性屈曲荷载基本相等。

（2）对于每一种断面形式，弹性屈曲荷载基本与 λ_x 成反比，如图 4.1-10（a）所示，与 λ_x^{-2} 成正比，如图 4.1-10（b）所示。当长细比较大时，随着长细比的减小，λ_x^{-2} 增加较为缓慢，弹性屈曲荷载也缓慢增长；当长细比减小到一定值（<100），即使长细比略微减小，λ_x^{-2} 也会显著增加，弹性屈曲荷载随之显著增加。

4.1.3 支架平面内弹性屈曲荷载公式

本书 4.1.2 节 1. 内容中对波形钢腹板工形截面的 4 个截面参数进行了分析，分析时没有考虑规范的要求而对波形钢腹板的波长、波幅和腹板厚度随意取值，实际上目前使用的波浪腹板工形构件腹板尺寸是有一定的构造要求的，《波浪腹板钢结构应用技术规程》CECS290：2011[2]（以下简称"波浪规程"）对波浪腹板的尺寸范围做了如下规定：

对于波形钢腹板工形构件，其腹板高厚比不能大于 $600\sqrt{235/f_y}$，腹板厚度不宜小于 2mm，波形钢腹板尺寸宜按照表 4.1-2 中的分组取值。

波形钢腹板尺寸分组取值　　　　　　　　表 4.1-2

参数＼分组	第一组	第二组	第三组	第四组	第五组	第六组	第七组
腹板厚度 t_w（mm）	2.0	2.5	3	3.5	4	5	6
腹板波幅 f（mm）	20	20	30	30	30	40	40
腹板波长 λ（mm）	150	150	200	200	200	300	300

4.1.2 节内容主要研究了波形钢腹板支架弹性屈曲荷载随各截面参数及长细比的变化。在分析时，只改变了其中某一个参数，其他参数保持不变。而实际情况下各个参数都会发生变化从而影响屈曲荷载，因此本节对截面尺寸各个参数进行正交设计，设计出一系列截面尺寸，对每一种截面

尺寸进行不同长细比（通过改变支架半径来实现）下的弹性屈曲荷载的计算，以此来综合考虑截面参数和长细比的改变对屈曲荷载的影响。

针对波形钢腹板支架 4 个截面参数，利用正交设计法确定了 9 种截面，同时考察波形钢腹板尺寸分组、腹板高度、翼缘宽度及厚度这 4 个因素对支架屈曲性能的影响，分别进行不同长细比（通过改变支架半径来实现）下的弹性屈曲荷载的有限元计算。波形钢腹板尺寸分组分别为表 4.1-2 中的第一、第三、第五组，具体参数如表 4.1-3 所示。

表 4.1-2 中的第一、第三、第五组具体参数 表 4.1-3

试件编号	腹板高度 h_w(mm)	腹板厚度 t_w(mm)	腹板波幅 f(mm)	腹板波长 λ(mm)	翼缘宽度 b_f(mm)	翼缘厚度 t_f(mm)
1	150	2	20	150	120	10
2	150	3	30	200	160	12
3	150	4	30	200	200	16
4	250	2	20	150	160	16
5	250	3	30	200	200	10
6	250	4	30	200	120	12
7	350	2	20	150	200	12
8	350	3	30	200	120	16
9	350	4	30	200	160	10

1. 弹性屈曲系数 k 与长细比的关系

根据拱平面内弹性分岔屈曲的经典理论 [1] 知，静水压力下纯压圆弧拱临界轴力如式（4.1-6）所示，其弹性屈曲荷载如式（4.1-7）所示。

$$N_{cr}=k\frac{\pi^2 EA}{\lambda_x^2} \tag{4.1-6}$$

$$q_{cr}=\frac{N_{cr}}{R}=k\frac{\pi^2 EA}{\lambda_x^2 R} \tag{4.1-7}$$

式中 N_{cr}——四分之一跨的临界轴力；

         k——弹性屈曲系数；

         R——支架半径；

         λ_x——波形钢腹板支架的几何长细比（具体计算见 4.1.2 中 2. 的内容）。

借鉴上述纯压圆弧拱弹性屈曲荷载的计算方法，利用有限元软件，求

出表 4.1-3 中各个计算截面在不同长细比下的弹性屈曲荷载 q，利用公式
（4.1-7）反算出对应的弹性屈曲系数 k，并绘制出不同截面的支架弹性屈
曲系数与长细比关系如图 4.1-11 所示。

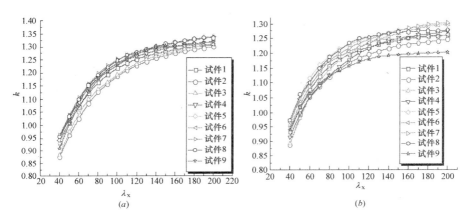

图 4.1-11　不同截面的支架弹性屈曲系数与长细比关系
（a）马蹄形断面；（b）圆形断面

从图 4.1-11 可知：

（1）无论是马蹄形断面还是圆形断面，弹性屈曲系数 k 随着长细比
的增大而增大，当长细比较小时，系数 k 增长的速度较快，随着长细比
增加，系数 k 的增长速度逐渐放缓，曲线斜率逐渐降低，长细比对系数 k
的影响逐渐减小。

（2）在同一长细比下，各个截面的系数 k 相差并不大，马蹄形断面
支架各个试件与其平均系数 k 的最大正差值为 5.62%，最大负差值为
-5.73%，圆形断面支架各个试件与其平均系数 k 的最大正差值为
4.25%，最大负差值为 -7.87%，因此可以绘制出不同截面的支架弹性屈
曲系数平均值与长细比关系如图 4.1-12 所示的计算曲线。

从图中可以看出马蹄形断面和圆形断面的系数 k 基本相等，随着长
细比的增加，二者差值略有增加，但系数本身也在增加，因此可以忽略其
影响。马蹄形断面和圆形断面支架的弹性屈曲系数平均值与长细比关系如
图 4.1-13 所示，弹性屈曲系数 k 仅与长细比有关，与长细比的关系如式
（4.1-8）所示。

$$k=1.7\times10^{-7}\lambda_x^3-8.3\times10^{-5}\lambda_x^2+0.01352\lambda_x+0.5223 \quad (4.1\text{-}8)$$

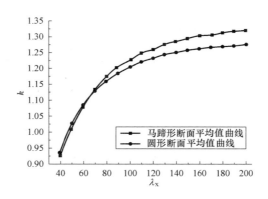

图 4.1-12　不同截面的支架弹性
屈曲系数平均值与长细比关系

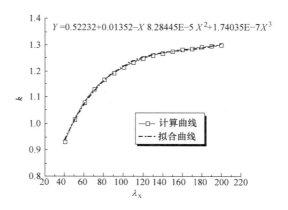

图 4.1-13　马蹄形断面和圆形断面支架的
弹性屈曲系数平均值与长细比关系

2. 支架平面内弹性屈曲荷载公式

上述内容研究出波形钢腹板支架的弹性屈曲系数 k 与截面各个参数无关，仅与支架的长细比有关。系数 k 与长细比的关系如式（4.1-8）所示，将式（4.1-8）带入式（4.1-7）中，可得波形钢腹板支架在静水压力下的弹性屈曲荷载公式，如式（4.1-9）所示。

$$q_{cr}=k\frac{\pi^2EA}{\lambda_x^2R}=(1.7\times10^{-7}\lambda_x^3-8.3\times10^{-5}\lambda_x^2+$$

$$0.01352\lambda_x+0.5223)\frac{\pi^2EA}{\lambda_x^2R}$$

(4.1-9)

式中　R——支架半径;

　　　λ_x——波形钢腹板支架的几何长细比。

4.2　波形钢腹板支架的弹塑性屈曲分析

4.1 节中研究波形钢腹板支架的弹性屈曲性能,是在小变形假定下得到的屈曲荷载,是平衡微分方程的特征解。它对应的特征向量(位移向量)仅是支架平面内屈曲的失稳模态,弹性屈曲分析不能跟踪波形钢腹板支架平面内失稳的荷载-位移历程和应力变化。由分析结果可知:马蹄形断面支架和圆形断面支架的弹性屈曲性能基本相同,但在实际情况下(考虑几何非线性与材料强度的限制),静水压力下的纯压圆形断面支架和压弯马蹄形断面支架的稳定承载性能应存在较大差异。

本书 4.2 节在弹性屈曲分析的基础上,采用 ANSYS 有限元软件进行非线性屈曲分析,并参考弹性屈曲分析中得到的屈曲荷载,将之前弹性屈曲分析中得到的一阶屈曲模态作为非线性屈曲分析中初始缺陷的施加依据。对波形钢腹板支架展开平面内的二阶弹性、弹塑性稳定分析,初步考察波形钢腹板支架在不同分析方法下变形、应力和荷载-位移曲线的差别,进而研究支架平面内弹塑性稳定承载力与长细比、几何缺陷模式、幅值、各个截面尺寸参数的关系,并将 3 种支架的弹塑性稳定承载力进行适当的对比,得出各断面形式的波形钢腹板支架对各参数敏感程度的差异。与此同时,本书 4.2 节试图研究弹塑性稳定承载力与弹性屈曲荷载之比 k_s,确定 k_s 是否仅与长细比相关,若弹塑性稳定承载力与弹性屈曲荷载之比仅与长细比相关,则类似 4.1.3 节中 1. 内容,用长细比拟合出弹性屈曲系数 k 的计算公式,从而推导静水压力下波形钢腹板支架的弹塑性稳定承载力计算公式。最后,对不同围岩荷载作用下波形钢腹板支架和矿用工字钢支架的变形和破坏方式进行分析,进而说明波形钢腹板支架的支护性能。

4.2.1 波形钢腹板支架平面内失稳破坏形式

1. 马蹄形断面支架

马蹄形断面模型同 4.1.1 弹性屈曲分析模型，利用 6 种不同的分析方法对其荷载-位移路径进行跟踪计算，分别得到图 4.2-1 中的 6 条曲线，图中纵坐标为荷载 q，横坐标为拱顶竖向位移 d。

在进行弹塑性屈曲分析和二阶弹性屈曲分析时，需要添加一定的初始缺陷，此处添加的初始缺陷为弹性屈曲分析所得的一阶模态的 $2S/500$，即 $2S/500$ 的非对称初始缺陷，其中 S 是指封闭支架的计算弧长度，取变形起止点间拱轴线弧长度的一半，S 的取值方法见 4.1.2 节中 2. 内容，此处不再赘述。至于缺陷幅值为何要取 $2S/500$，将在 4.2.2 节中 3. 内容初始缺陷对稳定承载力影响的研究中进行说明。

在进行弹塑性分析时，还应考虑材料非线性问题，添加钢材的本构关系，假设采用的钢材为理想弹塑性材料，屈服强度为 $f_y = 345\text{MPa}$，弹性模量 $E_s = 2.06 \times 10^5 \text{MPa}$，泊松比 $\nu = 0.3$。断面支架尺寸、截面尺寸、建模方法同 4.1.1 内容。

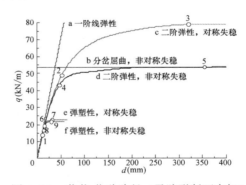

图 4.2-1 荷载-位移路径（马蹄形断面支架）

曲线 a 为利用一阶线弹性分析方法所得的荷载-位移路径，不考虑支架变形对内力的影响，荷载能够随着位移线性地增大，支架发生对称的变形；曲线 b 为支架发生平衡分岔屈曲的荷载-位移路径，发生非对称变形的分岔屈曲。平衡分岔屈曲分析所得的屈曲荷载是屈曲方程的特征值，其失稳模态是屈曲方程的特征向量，当支架达到屈曲荷载后变形会无限变大。在弹性材料的大变形假定之下，支架最初会沿着曲线 a 的荷载-位移路径发展，当支架变形与支架内力的耦合效应积累到一定程度时，会导致支架的刚度不断下降，平衡路径与一阶线弹性平衡路径开始发生偏移，此时存在两种不同的路径，完善的支架沿着曲线 c 发展、变形直至破坏。如果支架存在几何初始缺陷，那么几何非线性效应增大，支架的平衡路径会过早地偏离线弹性路线，沿着曲线 d 发展，最终发生非对称的平面内弹性失稳。如果支架受到材料强度限制时，完善的支架会沿着曲线 e 发展，最终发生平面内弹塑性对称失稳。如果支架既存在力学缺陷又存在几何缺陷，那么支架将沿着 f 曲线发生弹塑性非对称失稳，极限荷载低于支架发生二阶弹性失稳的极限荷载。由于实际中支架或多或少存在力学缺陷、几何缺陷或扰动，因此在大多数情况下支架是沿着曲线 f 的路径发生平面内弹塑性非对称稳定破坏。

图 4.2-1 中的曲线 c、曲线 d、曲线 e 和曲线 f 跟踪了支架平面内失稳的荷载-位移路径，准确地描述了支架变形与均布径向荷载的关系以及支架变形的发展，初步揭示了波形钢腹板支架平面内失稳的各种情况。为了更加直观地了解支架的失稳过程，分别提取二阶弹性对称失稳（曲线 c）、弹塑性对称失稳（曲线 e）、二阶弹性非对称失稳（曲线 d）、弹塑性非对称失稳（曲线 f）上特征点的应力云图与变形云图，考察的特征点包括：基本处于线弹性状态的 1 点，曲率开始快速下降即将发生失稳的 2、4、6、8 点，达到极限荷载的 3、5、7、9 点。各个特征点的支架变形云图、支架应力云图如图 4.2-2～图 4.2-5 所示。

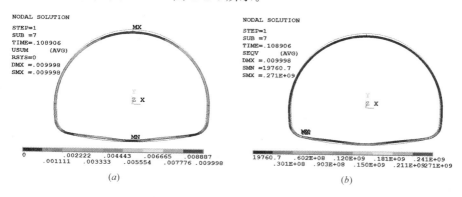

图 4.2-2　马蹄形断面支架二阶弹性对称失稳变形云图及应力云图（一）
(a) 1 点变形云图；(b) 1 点应力云图

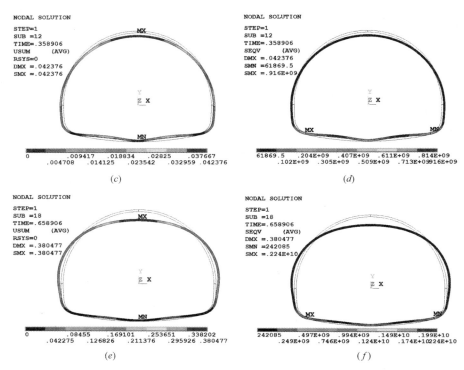

图 4.2-2 马蹄形断面支架二阶弹性对称失稳变形云图及应力云图（二）

（c）2 点变形云图；（d）2 点应力云图；

（e）3 点变形云图；（f）3 点应力云图

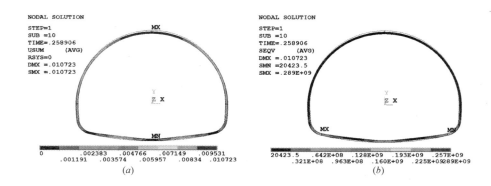

图 4.2-3 马蹄形断面支架弹塑性对称失稳变形云图及应力云图（一）

（a）1 点变形云图；（b）1 点应力云图

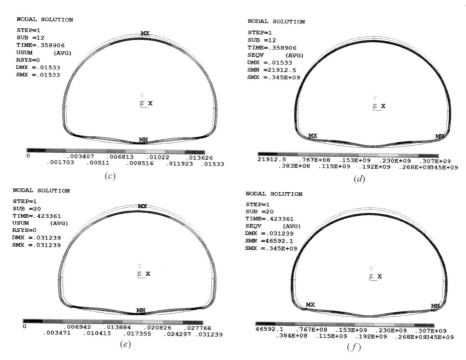

图 4.2-3 马蹄形断面支架弹塑性对称失稳变形云图及应力云图（二）

(c) 6 点变形云图；(d) 6 点应力云图；

(e) 7 点变形云图；(f) 7 点应力云图

由图 4.2-2 和图 4.2-3 可知，不存在初始缺陷的完善马蹄形断面支架无论是二阶弹性失稳还是弹塑性失稳，其变形模式均为正对称变形，变形主要集中在顶部圆弧，整个支架被压扁，底部圆弧也略微向上拱起，最大应力均位于角部圆弧处。随着变形的增大，支架内力与变形的耦合效应不断增强，加剧了支架刚度的降低，变形逐步加快，由于弹塑性分析增加了材料强度的限制，支架会从二阶弹性平衡路径偏离，较早地达到极限状态，最终变形也远远小于二阶弹性变形。当达到极限承载力时，二阶弹性分析的承载力和变形均大于弹塑性分析的承载力和变形，这是因为二阶弹性分析存在几何非线性效应，因此会降低支架刚度。而在弹塑性分析中，材料屈服强度的限制也会降低支架的刚度，当波形腹板工形截面的边缘纤维达到屈服强度后，屈服部分会退出工作，此时支架的刚度仅由弹性区的部分截面提供，即材料的非线性会导致支架刚度的进一步降低，因此无论是承载力还是极限位移,弹塑性稳定分析结果均小于二阶弹性分析结果。

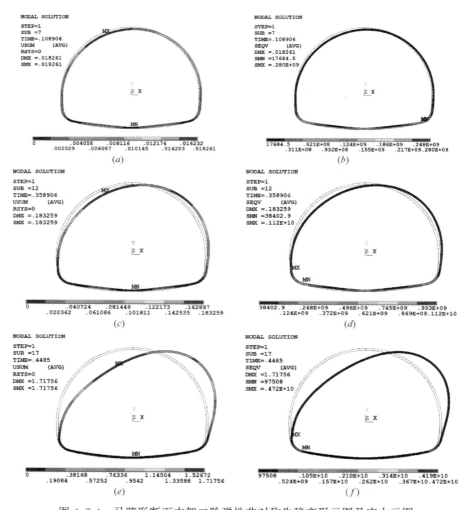

图 4.2-4 马蹄形断面支架二阶弹性非对称失稳变形云图及应力云图

(*a*)1 点变形云图;(*b*)1 点应力云图;

(*c*)4 点变形云图;(*d*)4 点应力云图;

(*e*)5 点变形云图;(*f*)5 点应力云图

由图 4.2-4 及图 4.2-5 可以看出,存在初始缺陷的马蹄形断面支架无论是二阶弹性失稳还是弹塑性失稳,其变形模式均为非对称变形,变形主要集中在顶部圆弧,整个支架被压扁且整体向右侧倾斜,底部圆弧也略微

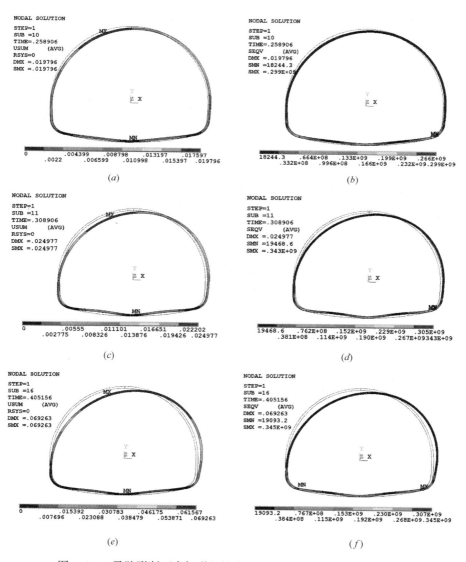

图 4.2-5 马蹄形断面支架弹塑性非对称失稳变形云图及应力云图
(a)1点变形云图;(b)1点应力云图;
(c)8点变形云图;(d)8点应力云图;
(e)9点变形云图;(f)9点应力云图

向上拱起,最大应力均位于角部圆弧处。随着变形的增大,支架内力与变形的耦合效应不断增强,支架刚度急剧降低,变形逐步加快,由于增加了材料强度的限制，弹塑性分析会从二阶弹性平衡路径偏离，较早地达到极限状态，最终变形也远远小于二阶弹性变形。

2. 圆形断面支架

圆形断面支架同 4.1.1 节弹性屈曲分析模型，利用 6 种不同的分析方法对荷载-位移路径进行跟踪计算，分别得到图 4.2-6 中的 6 条曲线，图中纵坐标为荷载 q，横坐标为拱顶竖向位移 d。

此处添加的初始缺陷为弹性屈曲分析所得的一阶模态的 $2S/500$，与马蹄形断面支架相同。假设采用的钢材为理想弹塑性材料，屈服强度为 $f_y=345\mathrm{MPa}$，弹性模量 $E_s=2.06\times10^5\mathrm{MPa}$，泊松比 $\nu=0.3$。断面支架尺寸、截面尺寸、建模方法同 4.1.1 节内容。

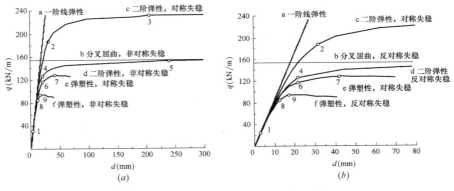

图 4.2-6   荷载-位移路径（圆形断面支架）

（a）全图；（b）局部放大图

图 4.2-6 中静水压力作用下圆形断面波形钢腹板支架的荷载-位移历程和各个特征点的变形模式、应力分布与马蹄形断面支架相似，不再对每条曲线详细阐述。各个特征点的支架变形云图、支架应力云图如图 4.2-7～图 4.2-10 所示。但需要注意的是，圆形断面支架在静水压力下属于纯压支架，而马蹄形断面支架属于压弯支架，两者的区别在于：对于纯压支架，无论是对称失稳还是非对称失稳，当荷载水平较低时，支架基本上只产生均匀的轴向压缩和径向压缩，当平衡路径偏离线弹性路径时，才产生正对称或者非对称的弯曲和弯矩，内力与变形耦合的非线性效应才会逐步积累，直到达到稳定极限承载力发生失稳；对于压弯支架，外荷载作用到支架上，就会产生轴线上的弯曲变形，内力和变形耦合效应就开始增强，从而加快了支架刚度的降低，使得支架过早地偏离线弹性路径，然后又偏

离二阶弹性路径，平衡路径可认为是从二阶弹性路径偏离的，而纯压圆形断面支架的平衡路径则可认为是从线弹性路径偏离的。

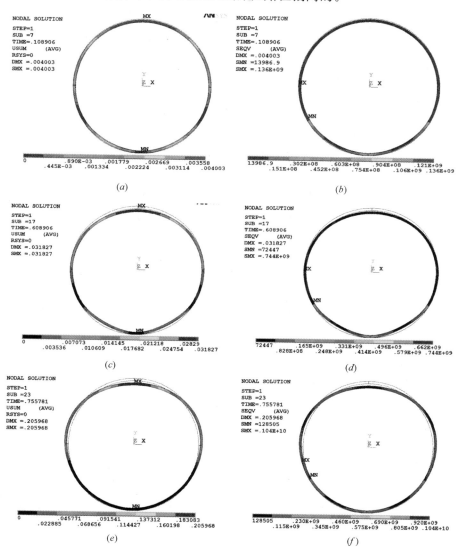

图 4.2-7　圆形断面支架二阶弹性对称失稳变形云图及应力云图

(a) 1 点变形云图；(b) 1 点应力云图；

(c) 2 点变形云图；(d) 2 点应力云图；

(e) 3 点变形云图；(f) 3 点应力云图

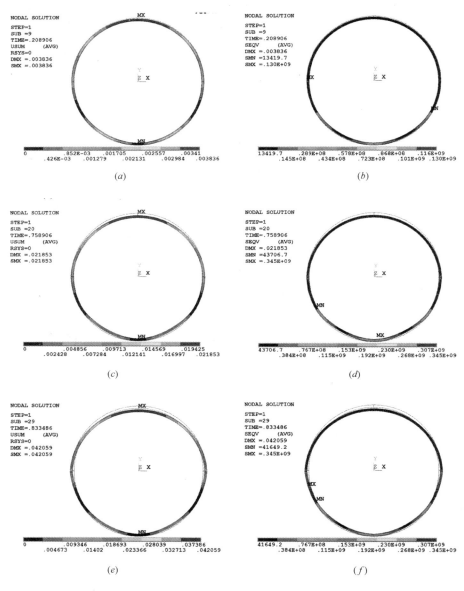

图 4.2-8　圆形断面支架弹塑性对称失稳变形云图及应力云图

（a）1 点变形云图；（b）1 点应力云图；

（c）6 点变形云图；（d）6 点应力云图；

（e）7 点变形云图；（f）7 点应力云图

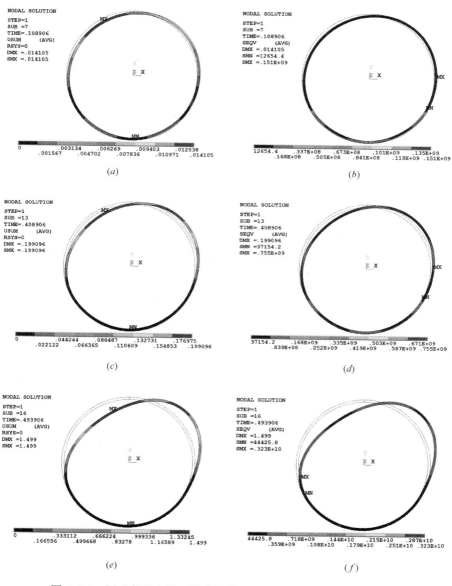

图 4.2-9　圆形断面支架二阶弹性非对称失稳变形云图及应力云图

(a) 1 点变形云图；(b) 1 点应力云图；

(c) 4 点变形云图；(d) 4 点应力云图；

(e) 5 点变形云图；(f) 5 点应力云图

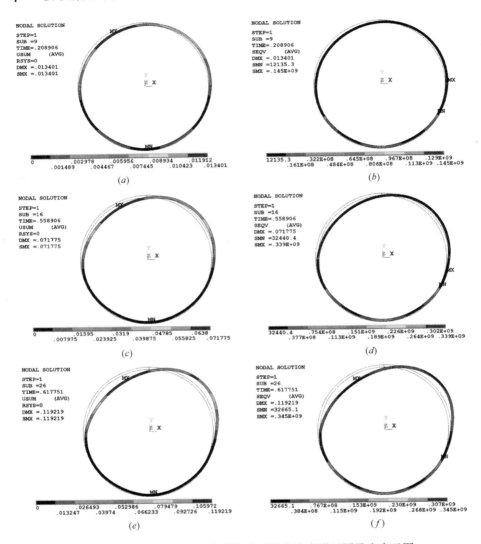

图 4.2-10 圆形断面支架弹塑性非对称失稳变形云图及应力云图
（a）1 点变形云图；（b）1 点应力云图；（c）8 点变形云图；
（d）8 点应力云图；（e）9 点变形云图；（f）9 点应力云图

3. 直墙半圆拱支架

　　直墙半圆拱形断面波形钢腹板支架模型同 4.1.1 节中弹性屈曲分析模型，利用 6 种不同的分析方法对荷载-位移路径进行跟踪计算，分别得到图 4.2-11 中的 6 条曲线，图中纵坐标为荷载 q，横坐标为拱顶竖向位移 d。

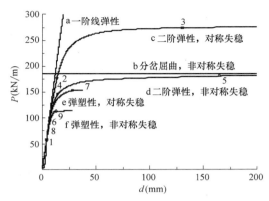

图 4.2-11 直墙半圆拱形断面支架荷载-位移路径

此处添加的初始缺陷为弹性屈曲分析的一阶模态的 $2S/500$，与马蹄形和圆形断面支架相同。假设钢材为理想弹塑性材料，屈服强度 $f_y = 275\text{MPa}$，弹性模量 $E_s = 2.06 \times 10^5 \text{MPa}$，泊松比 $\nu = 0.3$。支架断面尺寸、截面尺寸、建模方法同 4.1.1 节。

图 4.2-11 中 a~f 曲线的意义，各个特征点的意义同图 4.2-1。为了更加直观地描述支架在静水压力作用下支架变形的发展过程，分别提取图 4.2-11 中各曲线上特征点的变形云图，特征点同马蹄形断面支架，包括曲率开始快速下降将要发生失稳的 2 点、4 点、6 点和 8 点，达到极限荷载的 3 点、5 点、7 点和 9 点。各个支架的变形云图分别如图 4.2-12~图 4.2-15 所示。

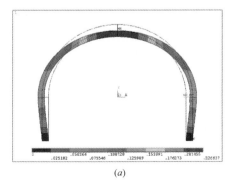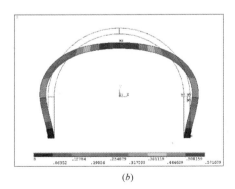

(a)　　　　　　　　　　　　(b)

图 4.2-12 直墙半圆拱支架二阶弹性对称失稳变形云图

(a) 2 点变形云图；(b) 3 点变形云图

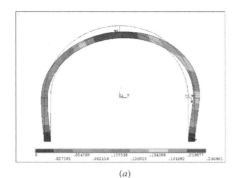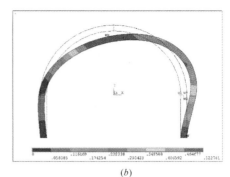

(a)   (b)

图 4.2-13   直墙半圆拱支架二阶弹性非对称失稳变形云图

(a) 4 点变形云图；(b) 5 点变形云图

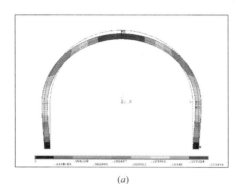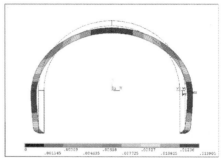

(a)   (b)

图 4.2-14   直墙半圆拱支架弹塑性对称失稳变形云图

(a) 6 点变形云图；(b) 7 点变形云图

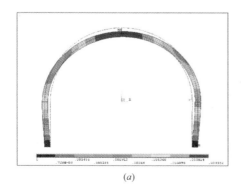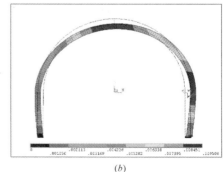

(a)   (b)

图 4.2-15   直墙半圆拱支架弹塑性非对称失稳变形云图

(a) 8 点变形云图；(b) 9 点变形云图

根据以上各图可知,当支架不存在初始缺陷时,二阶弹性失稳和弹塑性失稳都为对称失稳,变形主要在顶部圆弧和两侧直腿段与半圆弧连接处,顶部圆弧被压平。由于弹塑性增加了材料强度的制约,支架相比二阶弹性分析较早地达到极限状态,最终变形也小于二阶弹性变形。当支架存在初始缺陷时,二阶弹性失稳和弹塑性失稳均为非对称失稳,变形主要集中在支架上半圆弧顶部,弹塑性分析由于考虑了材料强度的影响,其较早地从二阶弹性平衡路线偏离,达到极限状态,最终承载力和变形均小于二阶弹性变形。

4.2.2 波形钢腹板支架平面内弹塑性屈曲分析

1. 截面尺寸各参数的影响

以 4.1.1 节内容的支架断面尺寸和截面尺寸为基础,依次变化波形钢腹板支架的各尺寸,包括腹板的翼缘宽度 b_f、翼缘厚度 t_f,腹板高度 h_w、腹板厚度 t_w 等截面参数,研究随着各参数的变化,波形钢腹板支架的弹塑性稳定承载力 P_u 的变化情况。此处添加的初始缺陷为一阶模态的 $2S/500$,其中 S 是指封闭支架的计算弧长度,取变形起止点间拱轴线弧长度的一半,S 的取值方法见 4.1.2 节中 2. 内容,支架建模及约束方式均同 4.1.1 节,此处不再赘述。弹塑性稳定承载力与截面各参数的变化如图 4.2-16~图 4.2-19 所示。

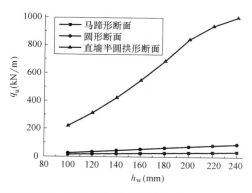

图 4.2-16 弹塑性稳定承载力与腹板高度关系

由图 4.2-16 可知,圆形支架和马蹄形支架在相同截面下,其弹塑性稳定承载力相差较小,弹塑性稳定承载力随腹板高度的变化趋势相同,支

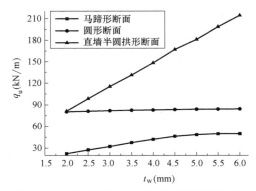

图 4.2-17   弹塑性稳定承载力与腹板厚度关系

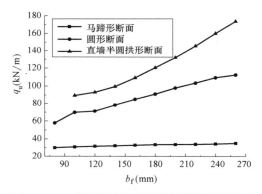

图 4.2-18   弹塑性稳定承载力与翼缘宽度关系

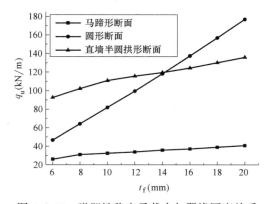

图 4.2-19   弹塑性稳定承载力与翼缘厚度关系

架的弹塑性稳定承载力随着腹板高度增加而增加，基本呈线性增长关系；而直墙半圆拱形支架随腹板高度增加比较显著。当腹板高度由 100mm 增加至 240mm，马蹄形支架稳定承载力由 16.1kN/m 增加为 34.8kN/m，圆形支架稳定承载力由 25.8kN/m 增加为 89.7kN/m，直墙半圆拱形支架稳定承载力由 219.53kN/m 增加为 999.76kN/m，腹板高度对直墙半圆拱形支架的影响大于对马蹄形支架和圆形支架的影响。

由图 4.2-17 可知，腹板厚度对马蹄形支架、圆形支架和直墙半圆拱形支架的弹塑性稳定承载力影响均不同。随着腹板厚度的增加，圆形支架承载力几乎不变，马蹄形支架和直墙半圆拱形支架承载力增长显著。当腹板厚度小于 4.0mm 时，马蹄形支架承载力随着腹板厚度增加而线性增加，但超过 4.0mm 之后，增长速度放缓，直至不再增加；直墙半圆拱形支架基本呈线性增长趋势。腹板厚度由 2mm 增加至 6mm，马蹄形支架稳定承载力由 11.6kN/m 增加为 49.9kN/m，圆形支架稳定承载力由 80.3kN/m 增加为 84.4kN/m，直墙半圆拱形支架稳定承载力由 81.16kN/m 增加为 214.125kN/m，腹板厚度对马蹄形支架的影响高于对圆形支架和直墙半圆拱形支架的影响。

由图 4.2-18 可知，三种支架的弹塑性稳定承载力随着翼缘宽度增加而增加，基本呈线性增长关系。翼缘宽度由 100mm 增加至 260mm，马蹄形支架稳定承载力由 30.87kN/m 增加为 34.9kN/m；圆形支架稳定承载力由 69.97kN/m 增加为 112kN/m，直墙半圆拱形支架稳定承载力由 89.49kN/m 增加为 173.45kN/m，翼缘宽度对直墙半圆拱形支架的影响高于对马蹄形支架和圆形支架的影响。

由图 4.2-19 可知，支架的弹塑性稳定承载力随着翼缘厚度增加而增加，基本呈线性增长关系，其中圆形支架的增长幅度较大。当翼缘厚度由 6mm 增加至 20mm，马蹄形支架稳定承载力由 26.0kN/m 增加为 40.9kN/m，圆形支架稳定承载力由 46.6kN/m 增加为 177kN/m，直墙半圆拱形支架稳定承载力由 92.67kN/m 增加为 135.89kN/m，翼缘厚度对圆形支架的影响高于对马蹄形支架和直墙半圆拱形支架的影响。

综合图 4.2-16～图 4.2-19 的分析结果可以看出：

（1）在马蹄形支架顶部圆弧半径 R_1 与圆形支架半径 R 相同的情况下，同一截面尺寸的圆形支架和马蹄形支架的弹塑性稳定承载力相差较大，两种支架的弹塑性稳定承载力随截面各参数的变化情况也不一致。

（2）对于马蹄形断面波形钢腹板支架结构，其波形腹板翼缘宽度 b_f 对支架的弹塑性稳定承载力的影响较小，而腹板高度 h_w、腹板厚度 t_w 及翼缘厚度 t_f 对弹塑性稳定承载力影响较大，是敏感参数。

（3）对于圆形断面波形钢腹板支架结构，其腹板厚度 t_w 对支架的弹塑性稳定承载力的影响较小，而腹板高度 h_w、翼缘宽度 b_f 及翼缘厚度 t_f 对弹塑性稳定承载力影响较大，是敏感参数。

（4）对于直墙半圆拱形断面波形钢腹板支架结构，腹板厚度 t_w、腹板高度 h_w、翼缘宽度 b_f 及翼缘厚度 t_f 均对弹塑性稳定承载力影响较大，是敏感参数。

（5）综合马蹄形断面支架、圆形断面支架和直墙半圆拱形支架的稳定承载力与截面尺寸曲线可知，波形钢腹板支架的弹塑性稳定承载力受腹板高度 h_w 和翼缘厚度 t_f 的影响较大。

2. 长细比的影响

由于 4.2.2 节 1. 内容已经考察了截面尺寸各个参数对支架弹塑性稳定承载力的影响，因此下文通过改变支架的计算弧长度 S 来改变长细比，同 4.1.2 中 2. 内容。通过有限元计算，求出各个计算截面在不同长细比下的弹塑性稳定承载力 q_u，整理出长细比 λ_x 与支架弹塑性稳定承载力 P_u 的关系如图 4.2-20 所示。

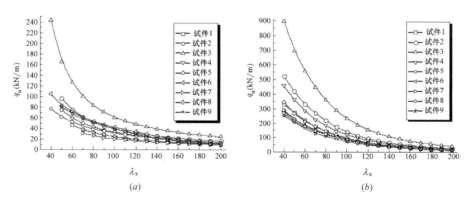

图 4.2-20　波形钢腹板支架弹塑性稳定承载力与长细比关系
（a）马蹄形断面波形钢腹板支架；（b）圆形断面波形钢腹板支架

由图 4.2-20 可以看出，波形钢腹板支架的弹塑性稳定承载力随着长细比的增加而降低，且承载力随着长细比增加而降低的速度逐渐减缓。

为了比较支架弹塑性稳定承载力与弹性屈曲荷载，定义弹塑性屈曲系数 k_s 为支架弹塑性稳定承载力 q_u 与其弹性屈曲荷载 q_{cr} 之比，如式（4.2-1）所示。

$$k_s = q_u / q_{cr} \tag{4.2-1}$$

整理出长细比 λ_x 与弹塑性屈曲系数 k_s 的关系，如图 4.2-21 所示。

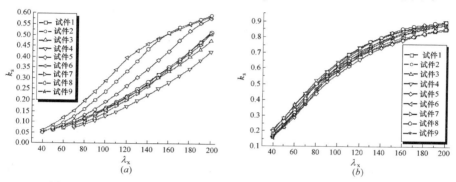

图 4.2-21　弹塑性稳定承载力与弹性屈曲荷载之比 k_s 与长细比关系
（a）马蹄形断面波形钢腹板支架；（b）圆形断面波形钢腹板支架

从图 4.2-21 可知：

（1）无论是马蹄形支架还是圆形支架，随着长细比的增大，支架的弹塑性稳定承载力与弹性屈曲荷载之比 k_s 不断增加，圆形支架甚至接近 1。说明随着长细比的增加，支架更加趋向于发生弹性破坏，弹塑性屈曲分析与弹性屈曲分析得到的极限承载力在逐渐接近。长细比由 40 增加至 200，马蹄形支架的塑性屈曲系数 k_s 的最大变化范围是 0.049～0.579，圆形支架的塑性屈曲系数 k_s 的最大变化范围是 0.152～0.901。

（2）在同一长细比、同一截面尺寸下，马蹄形支架的弹塑性屈曲系数 k_s 远小于圆形支架的弹塑性屈曲系数 k_s，说明圆形支架的稳定性能优于马蹄形支架。这是由于圆形支架在静水压力下属于纯压圆弧拱，拱轴线上一开始只产生轴向压缩，无弯曲变形，在初始缺陷的作用下变形逐渐增大，截面内才逐渐产生弯矩，弯矩与变形的二阶效应导致支架失稳。而对于马蹄形支架，在静水压力作用下同时存在截面轴力和弯矩，在加载一开始就处于压弯状态，弯矩会加速支架变形，而支架变形又导致弯矩的进一步增加，两者的相互作用导致支架较早地偏离线弹性阶段，发生较早的失稳。

（3）对于马蹄形支架：将不同截面在相同长细比下的弹塑性屈曲系数 k_s 对比发现，当长细比较小和长细比较大时，不同截面的弹塑性屈曲系数 k_s 较为接近，而当长细比取中间值时，各个截面的弹塑性屈曲系数 k_s 相差很大，甚至差值超过一倍，因此不能取各个截面的平均 k_s 曲线作为马蹄形支架的 k_s 曲线。

（4）对于圆形支架：不同截面在相同长细比下的弹塑性屈曲系数 k_s 比较接近，长细比越大，各个截面差值比率越小，将图中 9 条曲线在相同长细比下的弹塑性屈曲系数 k_s 取平均值并与各个截面计算值进行对比，当长细比＞100 时，各个截面计算值与平均值的最大正差值百分率为 9.8%，最大负差值百分率为—4.1%；当长细比≤100 时，各个截面计算值与平均值的最大正差值百分率为 31.9%，最大负差值百分率为 —13.7%。说明当长细比＞100 时，圆形支架的弹塑性屈曲系数 k_s 主要与长细比有关，而与截面尺寸各个参数关系不大，因此可将各个截面的弹塑性屈曲系数 k_s 取平均值，绘制成如图 4.2-22 所示的圆形断面波形钢腹板支架弹塑性屈曲系数 k_s 计算曲线，并拟合出 k_s 与长细比的公式，如式（4.2-2）所示（该公式仅适用于长细比＞100 的圆形断面波形钢腹板支架，当长细比≤100 时，此公式偏于保守，不再适用）。

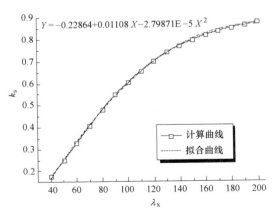

图 4.2-22　圆形断面波形钢腹板支架弹塑性屈曲系数 k_s 计算曲线

$$k_s = 2.8 \times 10^{-5} \lambda_x^2 + 0.01108 \lambda_x - 0.22864 \qquad (4.2\text{-}2)$$

式中　λ_x——波形钢腹板支架的几何长细比，$\lambda_x = S/i_x$，计算弧长度 S

取 1.8R（对于马蹄形支架，R 为顶部圆弧半径）。

3. 初始缺陷的影响

虽然封闭断面波形钢腹板支架的矢跨比大于 0.5，一阶屈曲模态呈现非对称失稳，但若在计算时添加一定幅值的对称缺陷，支架也有可能发生对称的弹塑性失稳。因此，先给支架施加缺陷幅值相同而缺陷模式不同的初始缺陷，分析不同缺陷模式对波形钢腹板支架弹塑性稳定承载力的影响，缺陷的幅值取 2S/500，S 是指封闭支架的计算弧长度，取变形起止点间拱轴线弧长度的一半，S 和缺陷幅值的取值方法见 4.1.2 节中 2. 内容，此处不再赘述。

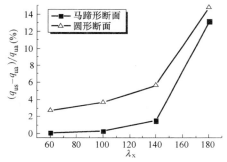

图 4.2-23　波形钢腹板支架在 2S/500 对称和非对称缺陷下的弹塑性稳定承载力对比

对长细比为 60、100、140、180 的马蹄形断面波形钢腹板支架和圆形断面波形钢腹板支架分别施加 2S/500 的对称缺陷和非对称缺陷，并将两种失稳模态下的弹塑性稳定承载力进行对比，如图 4.2-23 所示。

图 4.2-23 中 q_{us} 为对称缺陷模式下发生对称失稳的极限荷载；q_{ua} 为非对称缺陷模式下发生非对称失稳的极限荷载。二者之间的差值随着长细比的增加而增加。另外，当长细比小于 140 时，二者差异较小，圆形断面支架的差值百分率约为 6%，马蹄形断面支架的差值百分率约为 2%；当长细比大于140 时，二者差值随长细比的增加而显著增加；当长细比达到 180 时，圆形支架两种稳定承载力差值百分率为 14.8%，马蹄形断面支架两种稳定承载力差值百分率为 13.2%，圆形断面支架对缺陷模式的敏感程度高于马蹄形断面支架。由此说明，当长细比较小时，由于施加的缺陷模式不同，对称失稳和非对称失稳均可能发生，但非对称失稳的稳定承载力略低于对称失稳的稳定承载力；而当长细比较大时，由于支架的对称初始缺陷值不足以使支架发生对称失稳，支架会出现非对称失稳，对称模式的缺陷对支架失稳模态影响不大，因此选择对支架施加非对称的初始缺陷模式。

由图 4.2-23 可知初始缺陷对长细比越大的支架影响越大，为了考察缺陷幅值对波形钢腹板支架稳定承载力的影响，对长细比为 180 的马蹄形

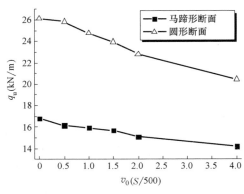

图 4.2-24 支架稳定承载力
随着缺陷幅值的变化

断面波形钢腹板支架和圆形断面波形钢腹板支架进行研究，分别施加 $0.5S/500$、$S/500$、$1.5S/500$、$2S/500$、$4S/500$ 的非对称初始缺陷进行弹塑性稳定承载力计算，支架稳定承载力随着缺陷幅值的变化如图 4.2-24 所示。

从图 4.2-24 可知，随着非对称缺陷幅值的增大，支架的稳定承载力略有下降，说明波形钢腹板支架对初始缺陷并不敏感。在分析时应该考虑较大的初始缺陷，结合图 4.2-24 中缺陷幅值与支架稳定承载力的关系曲线，取初始几何缺陷 $v_0 = 2S/500$，从而有效地考虑初始缺陷的影响。

以长细比等于 180 的波形钢腹板支架为例，分析出不同缺陷幅值下的荷载-位移曲线，如图 4.2-25 所示。

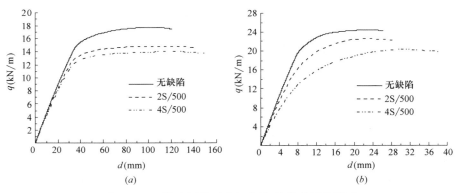

图 4.2-25 缺陷幅值对支架荷载-位移曲线的影响

(a) 马蹄形断面支架；(b) 圆形断面支架

由图 4.2-25 可知，缺陷幅值对荷载-位移曲线的影响主要体现在 3 个方面：

（1）在荷载较小阶段，缺陷幅值会影响结构的线性刚度，缺陷幅值越大，线性阶段的斜率越小，弹性刚度越小，尤其是对圆形断面支架的影响更大。

（2）缺陷幅值越大，支架会越早地偏离线弹性阶段，支架的刚度会更早地降低，刚度降低后支架变形发展加快，支架更早失稳。

（3）缺陷幅值越大，支架失稳的极限荷载越小，该极限荷载下支架的变形越大，整个荷载位移曲线向下且向右移动。

参考文献

［1］ 王运臣，王波，张宏学. 高应力软岩巷道 U 型钢支架的结构稳定性及应用分析［J］. 矿业安全与环保，2015，42（5）：76-80.

［2］ 清华大学. 波浪腹板钢结构应用技术规程：CECS 290：2011［S］. 北京：中国计划出版社，2011.

5 波形钢腹板支架平面内整体
稳定承载力的设计方法研究

5.1 概述

在静水压力作用下，圆形断面波形钢腹板支架是一种纯压支架，因此对它的稳定承载力研究意义重大。其一，可以直接指导它的平面内稳定设计；其二，若荷载并非静水压力，则转变为压弯支架，它又是静水压力下的马蹄形断面支架稳定承载力设计方法的研究基础。一般情况下，支架截面内将同时存在压力与弯矩，平面内稳定性与静水压力下圆形支架平面内稳定性密切相关。作为一种真实存在的纯压支架模型，圆形断面波形钢腹板支架平面内的稳定设计曲线同样也是压弯支架平面内稳定设计公式中不可或缺的一部分。

本节将在第 4 章圆形断面支架平面内弹塑性稳定承载力数值研究的基础上，给出纯压波形钢腹板支架的平面内稳定设计曲线，结合《波浪腹板钢结构应用技术规程》CECS 290：2011[1] 中的波浪腹板工形轴压直构件平面内稳定承载力设计方法，给出波形钢腹板纯压支架平面内稳定承载力的设计建议和纯压支架设计公式。在纯压波形钢腹板支架的平面内稳定设计曲线的研究基础上，综合《波浪腹板钢结构应用技术规程》CECS 290：2011 中的波浪腹板工形压弯直构件平面内稳定承载力设计方法和《拱形钢结构技术规程》JGJ/T 249—2011[2] 的压弯圆弧拱平面内稳定承载力设计方法，提出波形钢腹板压弯支架平面内稳定承载力的设计建议。

5.2 波形钢腹板纯压支架稳定承载力设计方法

5.2.1 平面内稳定系数

本节将以静水压力下的圆形断面波形钢腹板支架为例，绘制出纯压支架平面内的稳定设计曲线，确定不同长细比下的稳定系数。

对表 4.1-3 中的 9 种圆形断面波形钢腹板支架进行平面内弹塑性屈曲分析，施加 $2S/500$ 的反对称初始缺陷，通过变化支架半径，使长细比在 $20\sim200$ 变化，提取弹塑性极限荷载时支架的极限轴力 N_u，纯压支架的稳定系数 φ 即为纯压圆形支架达到极限状态时截面上的极限轴力 N_u 与全截面屈服轴力 N_y（$N_y = Af_y$）之比，绘制出纯压支架的平面内稳定设计曲线，如图 5.2-1 所示。

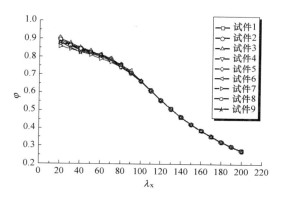

图 5.2-1　纯压支架的平面内稳定设计曲线

由图 5.2-1 可以看出设计曲线相差不大，尤其是当长细比较大时，9 条曲线几乎完全重合，说明可以取这 9 组稳定系数的平均值作为纯压支架的稳定系数，不同长细比下的稳定系数如图 5.2-2 及表 5.2-1 所示。

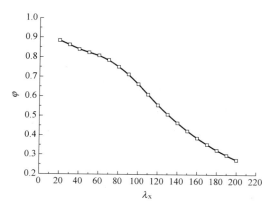

图 5.2-2　波形钢腹板纯压支架稳定设计曲线

不同长细比下的稳定系数   表 5.2-1

项目	取值									
λ_x	20	30	40	50	60	70	80	90	100	110
φ	0.884	0.862	0.839	0.824	0.808	0.786	0.752	0.713	0.663	0.610
λ_x	120	130	140	150	160	170	180	190	200	
φ	0.556	0.509	0.465	0.424	0.387	0.354	0.324	0.298	0.275	

经统计分析，表 5.2-1 中的稳定系数是可靠的，满足精度要求，可供设计时使用。

在我国《钢结构设计标准》GB 50017—2017[3] 中规定：对焊接工字形截面采用 b 类稳定设计曲线，波形钢腹板纯压支架稳定设计建议曲线与《钢结构设计标准》GB 50017—2017 中 b 类曲线的对比如图 5.2-3 所示。

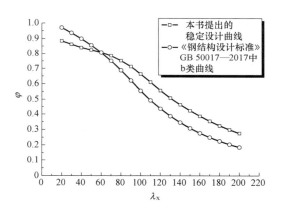

图 5.2-3   波形钢腹板纯压支架稳定设计曲线与
《钢结构设计标准》GB 50017—2017 中 b 类曲线的对比

从图 5.2-3 可以看出：在长细比＜60 时，纯压支架的稳定系数低于规范值；而当长细比＞60 时，纯压支架的稳定系数又高于规范值。纯压支架的稳定曲线与轴心受压直构件的稳定曲线有较大出入，说明不能参照直构件的稳定设计曲线进行设计，本节提出纯压支架稳定曲线，确定波形钢腹板纯压支架稳定设计方法是非常有必要的。

5.2.2 波形钢腹板纯压支架稳定承载力的设计建议

对于波形钢腹板纯压支架平面内稳定性的承载力设计，建议采用与轴

压直构件形式相同的设计公式

$$\frac{N}{\varphi A} \leqslant f \tag{5.2-1}$$

式中　N——支架的轴力设计值，采用一阶线弹性计算结果；

　　　A——支架的毛截面面积；

　　　f——钢材强度设计值；

　　　φ——弯矩作用平面内的纯压支架的稳定系数，应根据波形钢腹板构件绕强轴的等效长细比按照表 5.2-1 采用。

参考《波浪腹板钢结构应用技术规程》CECS 290：2011，构件绕强轴的等效长细比 λ_{0x} 按式（5.2-2）、式（5.2-3）进行计算：

$$\lambda_{0x} = \sqrt{\lambda_x^2 + \frac{\pi^2 E A_f s}{\lambda G A_w}} \tag{5.2-2}$$

$$\lambda_x = \frac{S}{i_x} \tag{5.2-3}$$

式中　λ——波浪腹板一个波浪的波长；

　　　s——波浪腹板一个波浪展开后的长度，$s = \lambda \left(3.88 \dfrac{f^2}{\lambda^2} + 1.07 \dfrac{f}{\lambda} + 0.95 \right)$，

　　　　　其中 f 为波浪腹板波幅，λ 为波长；

　　　S——封闭支架的计算弧长度，取变形起止点间拱轴线弧长度的一半，具体取值方法见 4.1.2 节第 2 部分；

　　　A_w——腹板截面面积；

　　　G——剪切模量；

　　　E——弹性模量；

　　　A_f——翼缘截面面积。

5.3　波形钢腹板压弯支架稳定承载力设计方法

5.3.1　现行相关规范规程中压弯构件的 N-M 关系

除了圆形断面支架在静水压力下属于纯压支架外，其他断面形式的支架截面上将同时存在轴力和弯矩作用。当支架达到极限状态时，轴力 N

和弯矩 M 之间存在着某种内在定量关系，这种内在定量关系体现在截面屈服时轴力所产生应力与弯矩所产生应力的比值大小，也就是轴力 N 与弯矩 M 的相关关系，简称为 N-M 关系。如果能确定支架的 N-M 关系，就能计算出压弯支架在面内极限状态时的外荷载大小，进而对压弯支架面内稳定进行设计。

1.《钢结构设计标准》GB 50017—2017 中压弯直构件的 N-M 关系

由 5.2 节对纯压圆形支架的稳定曲线的研究可以看出：纯压支架的平面内稳定设计曲线与《钢结构设计标准》GB 50017—2017 中轴压直构件的稳定设计曲线相似，由此可以推知，压弯支架的 N-M 关系应与压弯直构件的 N-M 关系相似。在研究压弯支架的 N-M 关系之前，有必要先对《钢结构设计标准》GB 50017—2017 中压弯直构件 N-M 相关公式进行回顾，对压弯支架 N-M 关系的研究具有重要的借鉴参考价值。

《钢结构设计标准》GB 50017—2017 中给出了压弯构件在弯矩作用平面内的稳定计算式如式（5.3-1）所示：

$$\frac{N}{\varphi A} + \frac{\beta M}{\gamma_x W\left(1 - 0.8\dfrac{N}{N_E}\right)} \leqslant f \qquad (5.3\text{-}1)$$

式中　N——轴向压力设计值；

　　　M——最大弯矩设计值；

　　　φ——轴心受压构件的稳定系数（弯矩作用平面内）；

　　　W——较大纤维毛截面模量（弯矩作用平面内）；

　　　γ_x——截面塑性发展系数，对于普通的工字形截面，取 $\gamma_x = 1.05$；

　　　β——等效弯矩系数；

　　　N_E——$N_E = \dfrac{\pi^2 EA}{1.1\lambda_x^{\ 2}}$；

　　　A——截面面积。

2.《波浪腹板钢结构应用技术规程》CECS 290：2011 中压弯直构件的 N-M 关系

《波浪腹板钢结构应用技术规程》CECS 290：2011 参考《钢结构设计标准》GB 50017—2017 给出了波形钢腹板工形构件中的压弯直构件平面内稳定性计算公式：

$$\frac{N}{\varphi A_f} + \frac{\beta M}{W\left(1 - \varphi\dfrac{N}{N_E}\right)} \leqslant f \qquad (5.3\text{-}2)$$

式中　N——轴向压力设计值；

　　　M——最大弯矩设计值；

　　　A_f——翼缘的毛截面面积；

　　　φ——轴心受压构件的稳定系数；

　　　W——较大纤维毛截面模量（弯矩作用平面内），计算时忽略腹板的贡献；

　　　β——等效弯矩系数；

　　　N_E——$N_E = \dfrac{\pi^2 E A_f}{1.1\lambda_{0x}^2}$，其中波形钢腹板构件绕强轴的等效长细比 λ_{0x} 按公式（5.2-2）和公式（5.2-3）计算。

需要特别注意的是：波浪腹板构件的轴心受压稳定系数 φ，应根据构件绕强轴的等效长细比 λ_{0x}、钢材的屈服强度，按照《钢结构设计标准》GB 50017—2017 附表 C-2（b 类柱子曲线）采用，所得的稳定系数偏于保守。

相比《钢结构设计标准》GB 50017—2017 中的压弯构件计算公式（5.3-1），《波浪腹板钢结构应用技术规程》CECS 290：2011 对波浪腹板压弯构件计算公式（5.3-2）主要做了如下改进：

① 将《钢结构设计标准》GB 50017—2017 公式中的长细比 λ_x 用等效长细比 λ_{0x} 代替，$\lambda_{0x} = \sqrt{\lambda_x^2 + \dfrac{\pi^2 E A_f s}{\lambda G A_w}}$，这样计算出的等效长细比就比构件的实际几何长细比要大一些，以此来保守地考虑波形钢腹板对工字钢截面特性的影响。

② 将《钢结构设计标准》GB 50017—2017 公式中的截面面积 A 和截面模量 W 分别用翼缘截面面积 A_f 和忽略腹板贡献的截面模量代替。

③ 将《钢结构设计标准》GB 50017—2017 弯矩项中（$1-0.8N/N_E$）用（$1-\varphi N/N_E$）代替，而此项是用来考虑轴力与变形耦合的非线性效应对弯矩的放大作用，用 φ 来代替 0.8 是为了对不同长细比做不同程度的考虑，使得该放大作用得到更精确的考虑。

④ 对于波形钢腹板工形截面，不考虑截面的塑性发展，取 γ_x 为 1，而非普通工字形截面的 1.05，使得计算公式更为保守。

通过以上几点的改进，使得公式（5.3-2）更加适用于波形钢腹板工形构件的平面内稳定设计，但仅仅限于波形钢腹板工形直构件，对于圆弧形构件，还需要做进一步的研究。

3.《拱形钢结构技术规程》JGJ/T 249—2011 中压弯圆弧拱的 *N-M* 关系

对于压弯直构件，其轴力和弯矩沿着轴线的分布和变化情况比较简单，二阶弯矩为一阶弯矩与轴力在构件挠度上的附加弯矩相叠加。而压弯钢拱由于影响因素众多，轴力、弯矩的相关作用更为复杂，压弯直构件的平面内稳定设计公式不能直接运用于压弯圆弧拱中。因此，清华大学牵头国内众多高校、科研院所及企业，对钢拱的平面内设计方法进行了大量研究，编制了《拱形钢结构技术规程》JGJ/T 249—2011，并于 2011 年 9 月正式颁布实施。

在《拱形钢结构技术规程》JGJ/T 249—2011 中，对于压弯圆弧拱，给出了如下的平面内稳定承载力设计公式：

$$\frac{N}{\varphi A f} + \alpha \left(\frac{M}{\gamma_x W f} \right)^2 \leqslant 1 \qquad (5.3-3)$$

式中 N——设计最大轴力；

M——设计最大弯矩；

f——钢材强度设计值；

γ_x——截面塑性发展系数；

φ——轴心受压拱的稳定系数（弯矩作用平面内）；

W——较大纤维的毛截面模量（弯矩作用平面内）；

α——与截面形式及支承条件有关的系数，按照表 5.3-1 取值。

与截面形式及支承条件有关的系数 α			表 5.3-1
截面	两铰拱	三铰拱	无铰拱
圆管截面	0.756	0.826	0.694
工形截面	1.0	1.108	0.907
箱形截面	0.826	0.907	0.756

对比稳定设计公式（5.3-3）和公式（5.3-1）可以发现，"拱形规程"对设计公式进行了简化，公式中没有了等效弯矩系数 β 和考虑轴力和变形耦合的非线性效应产生的弯矩放大作用（$1-0.8N/N_E$）项。这是因为公式（5.3-3）是通过大量的数值计算得来的，采用的是大变形弹塑性有限元分析方法，分析时已经考虑了几何非线性效应，因此可以直接对数值计算结果进行拟合，使得 *N-M* 公式在形式上更加简单实用，同时也具备较好的安全性和适用性。

5.3.2　波形钢腹板压弯支架稳定承载力的设计建议

《波浪腹板钢结构应用技术规程》CECS 290：2011 中的压弯构件面内稳定设计公式（5.3-2）是在《钢结构设计标准》GB 50017—2017 中的压弯构件面内稳定设计公式（5.3-1）基础上，考虑波形钢腹板的影响进行了更正，使得公式可以适用于波形钢腹板工形构件。《拱形钢结构技术规程》JGJ/T 249—2011 中的压弯构件面内稳定设计公式（5.3-3）是在《钢结构设计标准》GB 50017—2017 中的压弯构件面内稳定设计公式（5.3-1）基础上，考虑拱结构的特殊性和复杂性进行了更正，使得公式可以适用于各种截面的压弯圆弧拱。而对于本书研究的波形钢腹板压弯支架，从截面形式上看，它属于波浪腹板钢结构，可参照《波浪腹板钢结构应用技术规程》CECS 290：2011 对构件长细比进行保守计算，将实际几何长细比换算为较大的等效长细比；从结构形式上看，它又是由各段圆弧组成的整体支架，其稳定性能应该与压弯圆弧拱具有相似之处，N-M 相关公式的大致形式应该与压弯圆弧拱相同。因此，本书将《波浪腹板钢结构应用技术规程》CECS 290：2011 和《拱形钢结构技术规程》JGJ/T 249—2011 中的压弯构件稳定设计公式相结合，基于 5.2.1 节内容对纯压支架平面内稳定系数的研究成果，提出适用于波形钢腹板压弯支架的稳定设计公式：

$$\frac{N}{\varphi A f}+\left(\frac{M}{W f}\right)^2 \leqslant 1 \tag{5.3-4}$$

式中　N——设计最大轴力；

　　　　M——设计最大弯矩；

　　　　A——支架的毛截面面积；

　　　　f——钢材强度设计值；

　　　　W——较大纤维的毛截面模量（弯矩作用平面内）；

　　　　φ——弯矩作用平面内的纯压支架的稳定系数，波形构件应根据绕强轴的等效长细比按照表 5.2-1 采用，绕强轴的等效长细比 λ_{0x} 按公式（5.2-2）及公式（5.2-3）计算。

对比公式（5.3-3），公式（5.3-4）做了如下处理：

（1）截面塑性发展系数 γ_x 取值为 1，不考虑波形钢腹板工形构件的塑性发展，与《波浪腹板钢结构应用技术规程》CECS 290：2011 中的规定相一致。

（2）与截面形式及支承条件有关的系数 α 取值为 1，相当于表 5.3-1 中工形截面两铰圆弧拱对应的系数，实际上波形钢腹板支架的支承条件要强于两点铰接的支承条件，取值应该小于 1，但为了保守起见，此处 α 取为 1。

（3）弯矩作用平面内的纯压支架的稳定系数 φ，应根据构件绕强轴的等效长细比按照表 5.2-1 采用，等效长细比 λ_{0x} 的计算方法与《波浪腹板钢结构应用技术规程》CECS 290：2011 要求相一致。

针对波形钢腹板压弯支架的稳定设计公式（5.3-4），下面以静水压力下的马蹄形断面波形钢腹板支架为例，对该设计公式进行有限元验证。

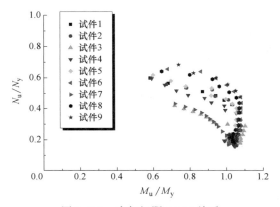

图 5.3-1　支架极限 N-M 关系

对表 4.1-3 中的 9 种截面，计算马蹄形断面波形钢腹板支架在静水压力下的稳定极限承载力，采用大变形弹塑性有限元算法。施加 $2S/500$ 的反对称初始缺陷，长细比在 20～200 变化。提取弹塑性极限荷载时支架拱轴线上的最大轴力 N_u 和最大弯矩 M_u，分别除以全截面屈服轴力 $N_y = Af_y$ 和全截面屈服弯矩 $M_y = Wf_y$，得到如图 5.3-1 所示的支架极限 N-M 关系。

图 5.3-1 中的长细比由 20 增加到 200 时，横坐标逐渐增大，纵坐标逐渐减小，说明随着长细比的增大，支架轴力的作用降低，支架弯矩的作用更大。

若对上述 N-M 关系的支架极限轴力除以 5.2.1 节的内容得到的稳定系数 φ，则得到如图 5.3-2 所示的支架 N-M 曲线。图中的设计曲线即为公式（5.3-4）所表示的曲线。

虽然图 5.3-2 的数据点分布较为离散，但是其下包络线却与建议公式（5.3-4）的曲线相一致，应该是形如（5.3-4）的关系式。说明结合"波

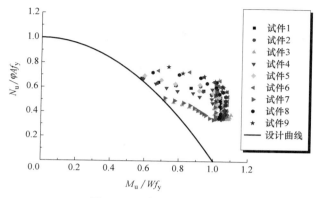

图 5.3-2　支架 N-M 曲线

浪规程"和"拱形规程"中的压弯构件稳定设计公式，基于 5.2.1 节的内容对纯压支架稳定系数的研究成果，从而提出的波形钢腹板压弯支架稳定设计公式（5.3-4）是正确可行的。

参考文献

［1］清华大学. 波浪腹板钢结构应用技术规程：CECS 290：2011［S］. 北京：中国计划出版社，2011.

［2］中华人民共和国住房和城乡建设部. 拱形钢结构技术规程：JGJ/T 249—2011［S］. 北京：中国建筑工业出版社，2012.

［3］中华人民共和国住房和城乡建设部. 钢结构设计标准：GB 50017—2017［S］. 北京：中国建筑工业出版社，2017.

6 波形钢腹板支架拱结构局部稳定性能的试验研究

前几章对波形钢腹板支架的平面内整体稳定性能开展了较深入的试验研究、数值计算和理论分析，第 6 章和第 7 章主要针对支架结构局部稳定性能开展研究，为今后波形钢腹板支架结构的设计方法的形成提供有益参考。

6.1 波形钢腹板支架拱结构翼缘局部稳定的模型试验

设计了 3 榀 180°半圆拱形波形钢腹板支架的模型试件，试件为 YY-1、YY-2 和 YY-3。3 个试件除了翼缘的厚度不同之外，断面尺寸、截面参数、试验加载约束条件完全相同。保持在其他条件参数相同，翼缘厚度参数不同的条件下，分析翼缘宽厚比对翼缘局部稳定性能的影响。

6.1.1 试件设计及材料性能

1. 试件设计

半圆拱形断面波形钢腹板支架由一个 180°圆弧段构成，试件断面弧长 8699.07mm（如图 6.1-1 所示），波形为正弦波（如图 6.1-2 所示）。波形钢腹板截面尺寸以 12 号矿用工字钢支架为基准进行设计，12 号矿用工字钢支架截面基本参数为：高度 $h=120$mm，翼缘宽度 $b=95$mm，翼缘平均厚度 $t=15.3$mm，腹板厚度 $d=11$mm。综合考虑有限元分析、试件几何参数、试验现象以及试验现场条件，最终确定波形钢腹板试件 YY-1 的截面尺寸参数为：腹板高度 $h_w=330$mm，腹板厚度 $t_w=3$mm，翼缘宽度 $b_f=150$mm，翼缘厚度 $t_f=4$mm，波形腹板波幅 $f=20$mm，波长 $\lambda=150$mm。在试件 YY-1 参数基础上，试件 YY-2、YY-3 的翼缘厚度由 4mm 分别变为 6mm、8mm，其他截面尺寸参数不变，以此分析支架翼缘

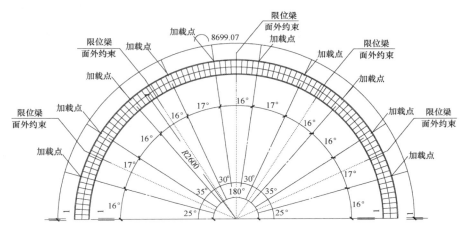

图 6.1-1　支架试件几何尺寸示意图（翼缘局部）

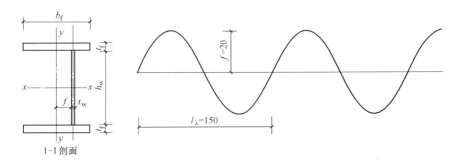

图 6.1-2　正弦波波形

厚度变化对其翼缘局部稳定承载力的影响。此外，根据现场实际情况，另制作 3 组平截面工字钢柱脚作为固端约束，构件与柱脚通过节点板和高强度螺栓连接。波形钢腹板拱支架与平截面工字钢柱脚均在浙江中隧桥波形钢腹板有限公司制作，两类构件具体截面尺寸见表 6.1-1。

2. 材料性能

试件中所用钢材均选用 Q345 钢，并按照相关标准要求进行材料性能试验试样的设计，每种厚度钢板各加工 3 块材性试件，翼缘和腹板材性试件如图 6.1-3 和图 6.1-4 所示，具体尺寸如表 6.1-2 所示。各翼缘和腹板材性试验结果分别如表 6.1-3 和表 6.1-4 所示。

两类构件具体截面尺寸 表 6.1-1

项目种类	试件编号	腹板高度 h_w(m)	腹板厚度 t_w(m)	翼缘宽度 b_f(m)	翼缘厚度 t_f(m)
波形钢腹板拱形试件	YY-1	0.330	0.003	0.150	0.004
	YY-2	0.330	0.003	0.150	0.006
	YY-3	0.330	0.003	0.150	0.008
平截面工字钢柱脚	YY-1	0.300	0.016	0.150	0.025
	YY-2	0.300	0.016	0.150	0.025
	YY-3	0.300	0.016	0.150	0.025

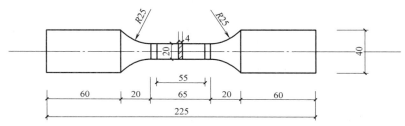

图 6.1-3 翼缘材性试样（翼缘局部）（mm）

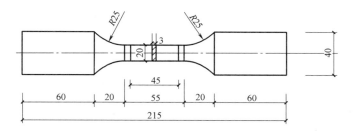

图 6.1-4 腹板材性试样（翼缘局部）（mm）

材性试验尺寸（翼缘局部） 表 6.1-2

位置	宽度 (mm)	厚度 A_0(mm)	截面面积 F_0(mm²)	标距长度 L_0(mm)	平行长度 L_P(mm)	试件总长 L(mm)
翼缘	20	4	80	55	65	225
翼缘	30	6	180	80	95	245
翼缘	30	8	240	90	105	255
腹板	20	3	60	45	55	215

翼缘材性试验结果（翼缘局部） 表 6.1-3

试样编号	试样宽度 b(mm)	试样厚度 a(mm)	原始标距 L_0(mm)	断后标距 L_u(mm)	屈服强度 (MPa)	抗拉强度 (MPa)	断后伸长率 (%)
1	20	4	40	51.6	365	535	29.0
2	20	6	40	52.0	375	530	30.0
3	20	8	40	52.0	370	530	30.0

腹板材性试验结果（翼缘局部） 表 6.1-4

试样编号	试样宽度 b(mm)	试样厚度 a(mm)	原始标距 L_0(mm)	断后标距 L_u(mm)	屈服强度 (MPa)	抗拉强度 (MPa)	断后伸长率 (%)
1	20	3	40	52.0	380	535	30.0
2	20	3	40	52.0	375	535	30.0
3	20	3	40	52.0	380	530	30.0

6.1.2 加载装置及测点布置

1. 加载装置与方案

试验方案依据《煤矿用巷道支架试验方法与型式检验规范》MT 194—1989[1] 进行设计，采取静力单调逐级加载的方式，分别按照 25%、25%、15%、10%、10%、5%、2%、2%、2%、2%、2% 极限荷载连续缓慢逐级加载，每级荷载的持续加载时间为 2~3min。待试件充分变形趋于稳定后，记录测试数据，然后再进行下一级加载，直到支架承载能力达到最大值并开始下降时，停止加载。通过承压传力块（如图 6.1-5 所示）将千斤顶径向集中荷载转化为径向局部均布荷载，传力块表面紧贴支架上翼缘加载点表面，通过螺栓固定在支架上。面外防护装置如图 6.1-6 所示。其中两侧端点位置与柱脚用高强度螺栓连接，柱脚利用"步步紧"的形式将其固定在现场红色支架处（如图 6.1-7 所示）。整个试验装置如图 6.1-8 和图 6.1-9 所示。

图 6.1-5　承压传力块

图 6.1-6　面外防护装置

图 6.1-7　工字钢固端约束

图 6.1-8　加载装置示意图（翼缘局部）（一）

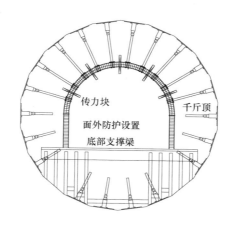

图 6.1-9　加载装置示意图（翼缘局部）（二）

2. 测点布置

波形钢腹板支架的应变片和位移传感器测点位置如图 6.1-10 所示。试验步骤为：按照翼缘厚度逐渐增加的逻辑排序，试件 YY-1、试件 YY-2、试件 YY-3，分别在每个支架的 4 个截面（A_1、A_2、B_1、B_2）处的外侧翼缘与内侧翼缘表面粘贴应变片以测量翼缘轴向应变，在计算得出剪力较大的截面粘贴应变花以测量腹板剪应变，另外在计算预测的局部失稳较大处布置连续 3 个位移传感器，（$D_1 \sim D_6$）测量其局部失稳的径向位移。试件 YY-1、试件 YY-2、试件 YY-3 测点布置分别如图 6.1-11 ～图 6.1-13 所示。

图 6.1-10 位移传感器测点位置

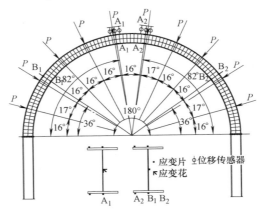

图 6.1-11 试件 YY-1 测点布置图

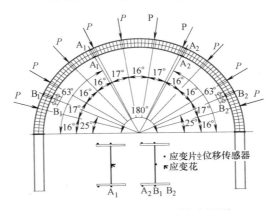

图 6.1-12 试件 YY-2 测点布置图

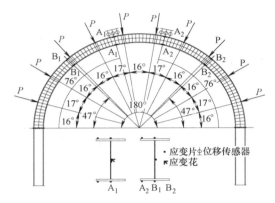

图 6.1-13 试件 YY-3 测点布置图

6.1.3 试验现象、结果及分析

在试验过程中，由于现场一些实际情况存在相应的误差，所以有限元模型出现的局部失稳位置与现场试验出现的实际失稳位置存在一定偏差，因此，无法保证应变片可以完全准确地固定在局部失稳的翼缘上。

1. 试验现象

试件 YY-1：试验以 5kN 开始预加载（时间以 0 计算），20min 后加载至 212.4kN 时，7 号位置出现响声；随后在 28min 32s 加载至 260kN 时，7 号位置一直出现"噼噼"的响声；在 28min 13s 加载至 280kN 荷载时，加载杆显示加载数值持续 1min 不变，说明此时 7 号失稳位置由于正在变形，加载杆无法完全贴至构件，故无法进行加载。在 33min 加载至 350kN 时，可见多处失稳位置，如图 6.1-14 所示。

试件 YY-2：试验以 5kN 开始预加载（时间以 0 计算），18min 后加载至 473.8kN 时，失稳位置附近有"噼噼"响声，9min 后加载至 880kN 时，9 号失稳位置发生小幅摩擦，构件面外有轻微翻转，并与限位梁摩擦，发出"滋"的响声，30min 左右时，构件其他处的局部失稳肉眼可见，并伴有轻微的整体移动，表现为非对称的整体失稳，如图 6.1-15 所示。

试件 YY-3：试验以 5kN 开始预加载（时间以 0 计算），17min 后加载至 702.2kN 位置时，构件一侧柱脚以及多处翼缘发出响声，21min 加载

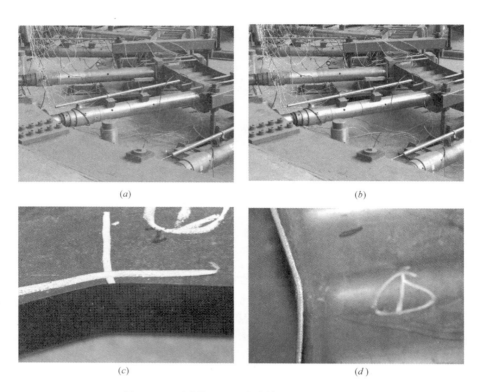

图 6.1-14 试件 YY-1 试验前后对比及变形图

（*a*）加载前；（*b*）加载后；（*c*）2 号失稳变形；（*d*）1 号失稳变形

图 6.1-15 试件 YY-2 试验前后对比及变形图（一）

（*a*）加载前；（*b*）加载后；

图 6.1-15 试件 YY-2 试验前后对比及变形图（二）

（*c*）5 号失稳变形；（*d*）10 号失稳变形

至 1000kN 时，3 号失稳处的应变急剧增大，但加载值不变，23min 后，加载至 1000kN 左右，此时构件一侧出现整体的位移与变形并且伴随微小的面外变形，如图 6.1-16 所示。

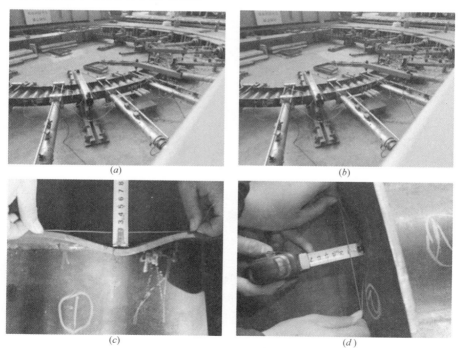

图 6.1-16 试件 YY-3 试验前后对比及变形图

（*a*）加载前；（*b*）加载后；（*c*）1 号失稳变形；（*d*）2 号失稳变形

2. 荷载-应变曲线

（1）试件 YY-1

7 号失稳位置（94°位置），具体如图 6.1-17 和图 6.1-18 所示，翼缘边缘和翼缘中心的荷载应变曲线，分别如图 6.1-19 和图 6.1-20 所示。

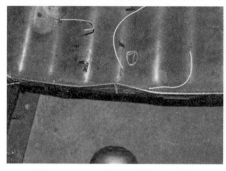 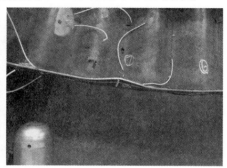

图 6.1-17   7 号失稳位置（一）   图 6.1-18   7 号失稳位置（二）

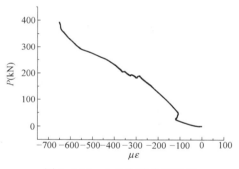 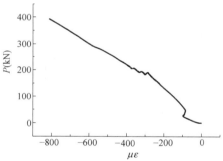

图 6.1-19   7 号失稳位置翼缘   图 6.1-20   7 号失稳位置翼缘
　　　　边缘荷载-应变曲线　　　　　　　　　　中心荷载-应变曲线

横坐标分别代表翼缘边缘和翼缘中心的应变，纵坐标代表所施加的荷载。

根据上述 7 号局部失稳处翼缘边缘以及中心应变片所得荷载-应变曲线可知，曲线在 190kN 处的时候出现明显的转折，190kN 以上出现斜率下降，应变增大速度加快。由此可知测得的局部失稳临界竖向总荷载约为 190kN，换算径向总荷载为 277.6kN。

（2）试件 YY-2

9 号失稳位置具体如图 6.1-21 和图 6.1-22 所示，翼缘边缘和翼缘中心的荷载-应变曲线，如图 6.1-23 和图 6.1-24 所示。

图 6.1-21 9 号失稳位置（一）

图 6.1-22 9 号失稳位置（二）

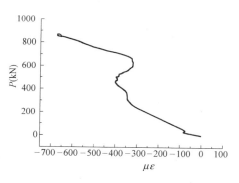

图 6.1-23 9 号失稳位置翼缘
边缘荷载-应变曲线

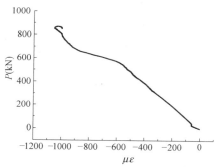

图 6.1-24 9 号失稳位置翼缘
中心荷载-应变曲线

横坐标分别代表翼缘边缘和翼缘中心的应变，纵坐标代表所施加的荷载。

根据上述 9 号失稳翼缘边缘以及中心应变片所得荷载-应变曲线可知，曲线在 593kN 时出现明显的转折，593kN 以下由于构件发生了小幅度的面外失稳，从而导致翼缘边缘处荷载-应变曲线出现波折。593kN 以上出现斜率下降，应变增大，速度加快。由此可知，测得的局部失稳临界竖向总荷载为 593kN，换算成径向总荷载为 857.68kN。

（3）试件 YY-3

3 号失稳位置如图 6.1-25 和图 6.1-26 所示，翼缘边缘和翼缘中心的荷载-应变曲线，如图 6.1-27 和图 6.1-28 所示。横坐标分别代表翼缘边缘和翼缘中心的应变，纵坐标代表施加的荷载。

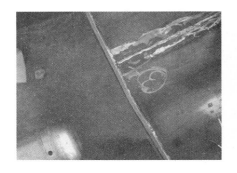 

图 6.1-25 3 号失稳位置（一）　　　　图 6.1-26 3 号失稳位置（二）

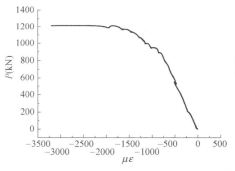 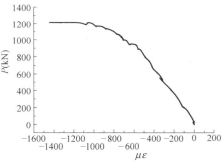

图 6.1-27 3 号失稳位置翼缘边　　　图 6.1-28 3 号失稳位置翼缘
缘荷载-应变曲线　　　　　　　中心荷载-应变曲线

　　根据上述 3 号局部失稳处翼缘边缘以及中心应变片所得荷载-应变曲线可知，曲线在 1002kN 时出现明显的转折，1002kN 以上出现斜率下降，应变增大，速度加快。由此可知，测得的局部失稳临界竖向总荷载为 1002kN，换算成径向总荷载为 1443.23kN。

6.1.4　有限元分析

1. 试验支架的有限元建模
　　支架的断面尺寸及截面尺寸均与试验支架相同，支架的翼缘及腹板的模拟都采用 SHELL181 单元。假设钢材为理想弹塑性材料，其弹性模量 $E_s=206\mathrm{GPa}$，泊松比为 $\nu=0.3$，翼缘屈服强度为 $f_y=360\mathrm{MPa}$，腹板屈服强度为 $f_y=380\mathrm{MPa}$。在半圆弧的两端截面上施加固端约束，另外在半圆弧 25°、60°、90°、120°、155°处分别施加面外约束。试件 YY-1、试件 YY-2、试件 YY-3 的有限元模型如图 6.1-29～图 6.1-31 所示。

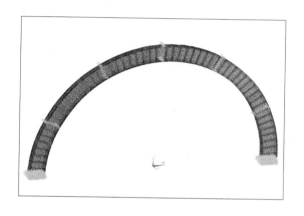

图 6.1-29　试件 YY-1 的有限元模型

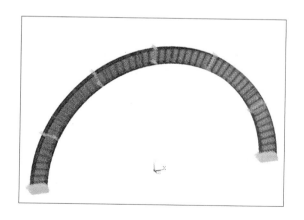

图 6.1-30　试件 YY-2 的有限元模型

147

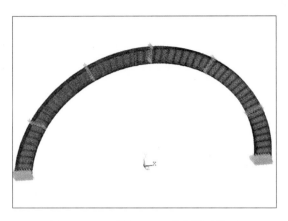

图 6.1-31　试件 YY-3 的有限元模型

2. 有限元屈曲分析与试验结果的对比

在与试验模型相同的加载点上施加 10 个集中荷载后，进行弹性屈曲分析，然后添加材料非线性和 $S/1000$ 的初始缺陷，进行非线性屈曲分析。将分析结果与试验结果进行对比，如表 6.1-5 所示。

波形钢腹板支架有限元分析结果与试验结果对比　　　　　　表 6.1-5

试件编号	有限元承载力 P_f(kN)	试验承载力 P_t(kN)	有限元值/试验值
YY-1	220.10	277.60	0.79
YY-2	782.51	857.68	0.91
YY-3	1282.06	1443.23	0.89

如表 6.1-5 所示，翼缘的厚度对试件的局部稳定承载力有较大影响，3 个构件翼缘厚度由 4mm 增至 6mm、8mm，其承载力分别为 277.60kN、857.68kN、1443.23kN，相邻厚度试件的承载力增幅依次为 209%、68%，可知翼缘厚度 t_f 的增加较大地提升了翼缘局部稳定的性能。另外，有限元分析和模型试验所得的极限承载力最大误差为 20%，考虑到现场条件以及有限元建模的理想性，20% 的误差是可以接受的。有限元分析结果与试验结果吻合较好，验证了波形钢腹板支架有限元模型的正确性。

6.2 波形钢腹板支架拱结构腹板局部稳定的模型试验

本节主要设计了 3 榀 180°半圆拱形波形钢腹板支架的模型试件，试件编号为 FB-1、FB-2 和 FB-3。3 个试件除了腹板的高度不同外，断面尺寸、截面参数、试验加载约束条件完全相同。保持在其他参数相同、仅腹板高度参数不同的条件下，分析腹板高度变化对翼缘局部稳定性能的影响。

6.2.1 试件设计及材料性能

1. 试件设计

3 榀波形钢腹板支架的断面形状为半圆拱形，弧长 8560.84mm（图 6.2-1）。为保证支架两端固端约束，另外加工 3 组柱脚与场地焊接，与试件两端用高强度螺栓连接。综合试验现场条件最终选定试件 FB-1 的截面尺寸为：腹板高度 $h_w = 200mm$，腹板厚度 $t_w = 3mm$，翼缘宽度 $b_f = 150mm$，翼缘厚度 $t_f = 25mm$，腹板波幅 $f = 20mm$，波长 $\lambda = 150mm$。在试件 FB-1 基础上，试件 FB-2、试件 FB-3 的腹板高度由 200mm 分别调整为 300mm、400mm，其他截面尺寸不变，以此分析支架腹板高度变化对其腹板局部稳定承载力的影响（表 6.2-1）。

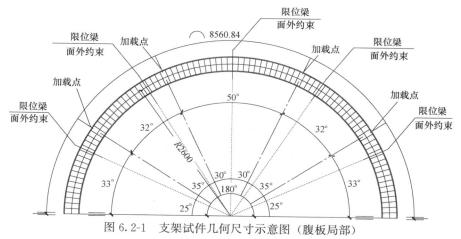

图 6.2-1 支架试件几何尺寸示意图（腹板局部）

腹板翼缘截面参数 表 6.2-1

项目种类	试件	腹板高度 h_w(m)	腹板厚度 t_w(m)	翼缘宽度 b_f(m)	翼缘厚度 t_f(m)
波形钢腹板支架	FB-1	0.200	0.003	0.150	0.025
	FB-2	0.300	0.003	0.150	0.025
	FB-3	0.400	0.003	0.150	0.025
平截面工字钢柱脚	FB-1	0.200	0.016	0.150	0.025
	FB-2	0.300	0.016	0.150	0.025
	FB-3	0.400	0.016	0.150	0.025

2. 材料性能

各试件均选用 Q345 钢，为测试钢材性能，先对材料进行金属拉伸试验。每种厚度钢板各加工 3 块材性试样，翼缘和腹板材性试样如图 6.2-2 和图 6.2-3 所示，各个试件的材性试验结果见表 6.2-2～表 6.2-4。

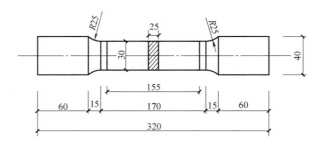

图 6.2-2   翼缘材性试样（腹板局部）（mm）

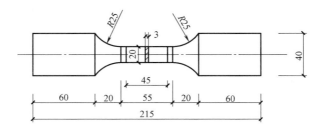

图 6.2-3   腹板材性试样（腹板局部）（mm）

材性试验尺寸（腹板局部）　　表 6.2-2

项目	宽度 （mm）	厚度 A_0（mm）	截面面积 F_0（mm²）	标距长度 L_0（mm）	平行长度 L_p（mm）	试件总长 L（mm）
翼缘	30	25	750	155	170	320
腹板	20	3	60	45	55	215

翼缘材性试验结果（腹板局部）　　表 6.2-3

试样 编号	试样宽度 b（mm）	试样厚度 a（mm）	原始标距 L_0（mm）	断后标距 L_u（mm）	屈服强度 （MPa）	抗拉强度 （MPa）	断后伸长率 （％）
1	30	25	155	202.28	365	540	约 30.5
2	30	25	155	199.95	360	535	29.0
3	30	25	155	201.50	360	545	30.0

腹板材性试验结果（腹板局部）　　表 6.2-4

试样 编号	试样宽度 b（mm）	试样厚度 a（mm）	原始标距 L_0（mm）	断后标距 L_u（mm）	屈服强度 （MPa）	抗拉强度 （MPa）	断后伸长率 （％）
1	20	3	45	58.50	380	535	30.0
2	20	3	45	58.72	375	535	约 30.5
3	20	3	45	58.72	380	530	约 30.5

6.2.2　加载方案及测点布置

1. 加载装置与方案

半圆拱形波形钢腹板支架试验也是在中国矿业大学煤炭资源与安全开采国家重点实验室内进行，采用卧式巷道支架试验台。为合理地模拟波形钢腹板支架在煤矿巷道中的受力状态，在支架上半圆弧段采用 4 点集中加载，通过承压传力块用千斤顶施加径向集中荷载，传力块表面紧贴支架上翼缘加载点表面，通过螺栓固定在支架上。为防止支架在水平面内受力时出现面外失稳状态，在支架的 25°、60°、90°、120°、155°位置，分别放置 5 个面外防护装置限位梁。支架的加载装置如图 6.2-4～图 6.2-6 所示。试验采取静力单调逐级加载的方式。加载方式与翼缘失稳 3 组试件相同，分别为 25％、25％、15％、10％、10％、5％、2％、2％、2％、2％、2％极限荷载的形式连续缓慢加载，每级荷载的持续加载时间为 2～3min，待试件充分变形趋于稳定后，记录测试数据，然后再进行下一级加载，直到支架承载能力达到最大值发生局部失稳并开始下降时，停止加载。

图 6.2-4 加载装置图（腹板局部）（一）

图 6.2-5 加载装置图（腹板局部）（二）

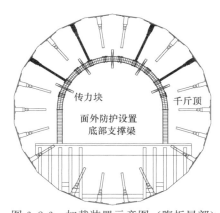

图 6.2-6 加载装置示意图（腹板局部）

在试验过程中监测支架荷载、支架位移（包括垂向位移和水平位移）、关键位置应变以及失稳发生的时间点。支架荷载通过液压千斤顶配套的计算机数据采集系统收集；支架位移通过布置位移传感器，采用 TDS-530 记录；加载过程中的支架关键位置的应变也通过 TDS-530 静态应变仪测量保存。

2. 测点布置

波形钢腹板试件 FB-1、试件 FB-2、试件 FB-3 的应变片和位移传感器测点布置如图 6.2-7～图 6.2-10 所示。试验步骤如下：第一步，将波形钢腹板支架在地面组装好，并进行对重吊，支架到试验平台就位后安装面外防护装置；第二步，安装位移传感器如图 6.2-11 和图 6.2-12 所示，并连接好相应电线；利用激光水准仪，根据角度与高度刻画出对应应变片的

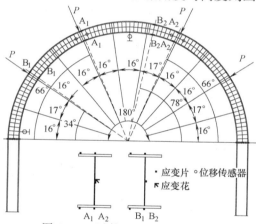

图 6.2-7　试件 FB-1 测点布置图

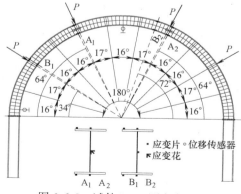

图 6.2-8　试件 FB-2 测点布置图

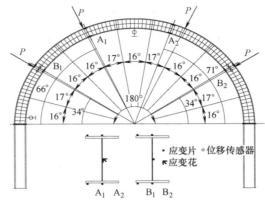

图 6.2-9　试件 FB-3 测点布置图

图 6.2-10　测点布置现场图

图 6.2-11　位移传感器（一）

图 6.2-12 位移传感器（二）

位置，并打磨粘贴应变片，如图 6.2-13 所示；第三步，一切准备就绪并观察试验平台周围，开始试验。

图 6.2-13 打磨粘贴应变片

6.2.3 试验结果及分析

1. 荷载-位移曲线

（1）试件 FB-1：试件失稳发展过程如图 6.2-14 和图 6.2-15 所示。根据试验监测到的波形钢腹板支架荷载和位移数据，以所有竖向荷载之和为纵坐标，分别以支架顶部半圆弧段顶部中心位置的垂向位移 d_1、顶部半圆弧段与左侧直腿段相连接处的水平位移 d_2 为横坐标绘制荷载-位移曲线，如图 6.2-16 和图 6.2-17 所示。

图 6.2-14   试件 FB-1 失稳发展过程（一）

图 6.2-15   试件 FB-1 失稳发展过程（二）

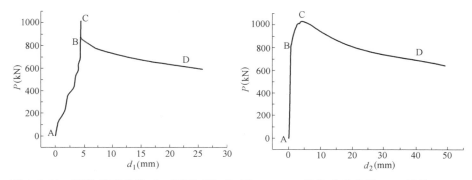

图 6.2-16   荷载-位移曲线 d_1（试件 FB-1）图 6.2-17   荷载-位移曲线 d_2（试件 FB-1）

在图 6.2-16 和图 6.2-17 中，AB 段：近似弹性阶段。这一阶段随着荷载的逐渐增大，竖向位移略有增大，整个支架有轻微压扁的趋势，竖向位移略大于水平位移，整体处于稳定阶段，整体变形略微呈正对称形态。

BC 段：局部失稳阶段。这一阶段荷载值为 920kN 时，7 号（33°）加载杆处附近腹板承载力不足，开始发生局部屈曲，波形钢腹板逐渐被压扁，加载杆带着垫块逐渐将翼缘压至向内凹陷，此时竖向位移变形很小，水平位移增长加快。由此可测得腹板局部失稳临界竖向总荷载约为 920kN，换算径向总荷载为 1273.22kN。

CD 段：下降阶段。此时 7 号杆腹板处的屈曲逐步增大，并开始向 9 号杆方向扩展，导致整个支架处 7 号杆带着翼缘向内凹陷，而加载杆无法有效顶至垫块导致无法增大荷载，与此同时，构件发生较大整体失稳，失稳呈正对称形态，水平位移与竖向位移均有较大增加。

（2）FB-2 试件：试件失稳发展过程如图 6.2-18～图 6.2-21 所示。与试件 FB-1 相同，以所有竖向荷载之和为纵坐标，分别以支架顶部半圆弧段顶部中心位置的垂向位移 d_1、顶部半圆弧段与左侧直腿段相连接处的水平位移 d_2 为横坐标绘制荷载-位移曲线，如图 6.2-22 和图 6.2-23 所示。

图 6.2-18　试件 FB-2 失稳发展过程（一）

在图 6.2-22 和图 6.2-23 中，AB 段：近似弹性阶段。这一阶段随着荷载的逐渐增大，竖向位移略微向内增大，水平向外略有增大，整个支架有轻微压扁的趋势，整体处于稳定阶段，整体的小变形略微呈正对称形态。

BC 段：局部失稳阶段。这一阶段荷载值为 1007kN 时，9 号加载杆处附近腹板承载力不足，开始发生腹板局部屈曲，波形钢腹板逐渐被压扁，加载杆带着垫块逐渐将翼缘压至向内凹陷，加载杆无法贴至加载垫块，

图 6.2-19 试件 FB-2 失稳发展过程（二）

图 6.2-20 试件 FB-2 失稳发展过程（三）

图 6.2-21 试件 FB-2 失稳发展过程（四）

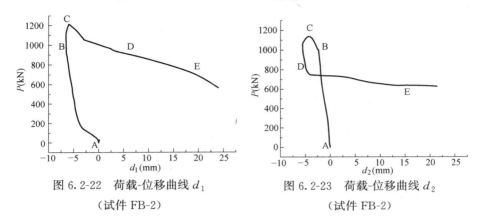

图 6.2-22　荷载-位移曲线 d_1
（试件 FB-2）

图 6.2-23　荷载-位移曲线 d_2
（试件 FB-2）

导致无法继续施加荷载。此时竖向位移向外（反方向）略有增大，水平方向继续轻微增大，增速变快。由此可测得腹板局部失稳临界竖向总荷载约为 1007kN，换算径向总荷载为 1390.76kN。

CD 段：由于 9 号加载杆出现局部失稳导致构件整体受力不均，19 号杆继续加载，此时在 9 号杆对称处，19 号杆开始发生局部失稳，构件整体失稳。竖向位移向外（反方向）继续增大，水平位移开始向外（反方向）增大，整体呈"凸"字形。

DE 段：腹板的局部屈曲继续增大，翼缘继续向内凹陷，加载杆无法继续加载。此时腹板的局部屈曲继续向跨中扩展，构件的整体失稳加剧。竖向位移与水平位移均与开始方向相反，并且继续扩张，直至构件破坏、卸载。

（3）试件 FB-3：试件失稳发展过程如图 6.2-24～图 6.2-27 所示。同

图 6.2-24　试件 FB-3 失稳位置（一）

图 6.2-25 试件 FB-3 失稳发展过程（二）

图 6.2-26 试件 FB-3 失稳发展过程（三）

图 6.2-27 试件 FB-3 失稳发展过程（四）

以上两个构件，以所有竖向荷载之和为纵坐标，分别以支架顶部半圆弧段顶部中心位置的垂向位移 d_1、顶部半圆弧段与左侧直腿段相连接处的水平位移 d_2 为横坐标，绘制荷载-位移曲线，如图 6.2-28 和图 6.2-29 所示。

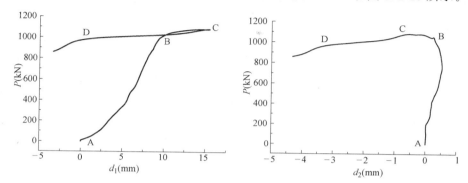

图 6.2-28 荷载-位移曲线 d_1（试件 FB-3） 图 6.2-29 荷载-位移曲线 d_2（试件 FB-3）

　　AB 段：近似弹性阶段。这一阶段随着荷载的逐渐增大，竖向位移向内增大，水平向内略微增大，在 0.4mm 左右可忽略不计，整个支架有轻微压扁的趋势，整体处于稳定阶段，整体的小变形呈反对称形态。

　　BC 段：局部失稳阶段。这一阶段荷载在 1060kN 时，7 号加载杆处附近腹板承载力不足，开始发生腹板局部屈曲，波形钢腹板逐渐被压扁，加载杆带着垫块逐渐将翼缘压至向内凹陷，加载杆无法贴至加载垫块导致无法继续施加荷载。构件的反对称失稳加剧，因此竖向位移急剧增大，水平向外方向位移增大。由此可测得腹板局部失稳临界竖向总荷载约为 1060kN，换算径向总荷载为 1475.52kN。

　　CD 段：由于 7 号加载杆处出现局部失稳腹板后继续扩展，9 号杆处发生局部失稳，再次加剧构件整体反对称失稳，跨中部分与周围两侧呈近似"凸"字形。此时竖向位移向外（反方向）逐渐增大，水平方向迅速增大。此阶段腹板的屈曲继续扩张，构件整体反对称失稳不断加剧，竖向与横向位移不断增大，直至构件破坏、卸载。

2. 波形钢腹板支架应变分析

　　波形钢腹板支架的截面剪力主要由波形腹板承担。试验前在支架半圆弧腹板上粘贴了应变花以测量该截面的腹板剪切应变，测量了剪力较大两侧肩部 A_1、A_2 截面的腹板剪应变，绘制了 A_1、A_2 测点的荷载-剪应变曲线，如图 6.2-30～图 6.2-35 所示。图中正值表示拉应变，负值表示压应变。

（1）试件 FB-1：

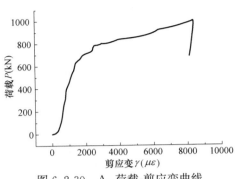

图 6.2-30　A_1 荷载-剪应变曲线

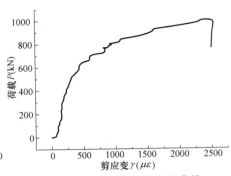

图 6.2-31　A_2 荷载-剪应变曲线

（2）试件 FB-2：

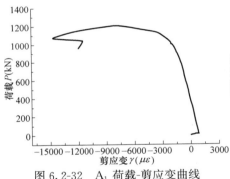

图 6.2-32　A_1 荷载-剪应变曲线

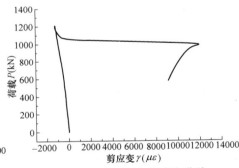

图 6.2-33　A_2 荷载-剪应变曲线

（3）试件 FB-3

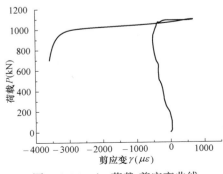

图 6.2-34　A_1 荷载-剪应变曲线

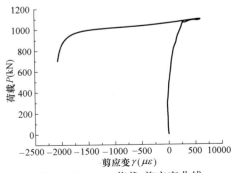

图 6.2-35　A_2 荷载-剪应变曲线

从图 6.2-30～图 6.2-35 中可以看出，随着荷载增加，腹板剪应变基本呈直线上升趋势。临近局部失稳极限 P_u 时，随着荷载逐渐增加，剪应变急速增加。此后，由于局部失稳发生的变形较大，逐渐卸载，剪应变并未明显变化。

6.2.4　有限元分析

1. 试验支架的有限元建模

试件 FB-1、试件 FB-2、试件 FB-3 的有限元模型如图 6.2-36～图 6.2-38 所示。

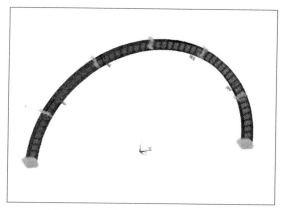

图 6.2-36　试件 FB-1 的有限元模型

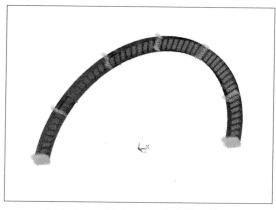

图 6.2-37　试件 FB-2 的有限元模型

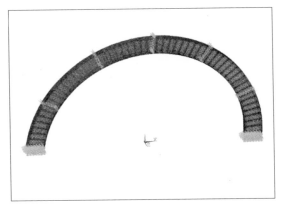

图 6.2-38　试件 FB-3 的有限元模型

2. 有限元屈曲分析及与试验结果对比

在有限元模型与试验模型相同的加载点上施加 4 个集中荷载后，进行弹性屈曲分析，然后添加材料非线性属性和 $S/1000$ 的初始缺陷，其中，$S=5.0t_f$，S 是拱形板件的计算弧长度，t_f 为翼缘宽度，再进行非线性屈曲分析。将分析结果与试验结果进行对比，如表 6.2-5 所示。

波形钢腹板支架有限元分析结果与试验结果对比　　　　　　表 6.2-5

试件编号	有限元承载力 P_f(kN)	试验承载力 P_t(kN)	有限元与试验结果比值
FB-1	1289.93	1273.22	约 1.01
FB-2	1678.86	1390.76	约 1.21
FB-3	1892.56	1475.52	约 1.30

由表 6.2-5 可以看出，随着 3 个构件腹板高度由 200mm 增至 300mm、400mm，其试验承载力分别为 1273.22kN、1390.76kN、1475.52kN，相邻厚度试件的承载力增幅依次约为 9%、6%，可知腹板高度 h_w 的增大可以适当提高腹板局部稳定的承载性能。另外，试件 FB-1 承载力的试验值与有限元分析值相差不大，试件 FB-2、试件 FB-3 承载力的试验值与有限元分析值相差较大，考虑到现场试验中加载垫块对于支架也有较弱的面外约束作用，在有限元模型中没有体现。试件 FB-2、试件 FB-3 两个局部失稳位置都处于腹板焊缝附近，从而导致支架的实际承载力较低，因此，计算值与试验值的误差在工程误差可接受的范围之内，说明有限元分析结果与试验结果吻合较好。

参考文献

［1］ 中华人民共和国能源部. 煤矿用巷道支架试验方法与型式检验规范：MT194-1989［S］. 北京：中国标准出版社，1989.

7 波形钢腹板支架拱结构 的弹性和弹塑性局部屈曲分析

上一章波形钢腹板支架结构的试验结果已经验证了有限元模型的可靠性，本章则采用有限元方法着重开展支架结构局部板件屈曲的弹性和弹塑性分析，以期为该支架的板件宽厚比和高厚比限值提供参考。

7.1 弹性局部屈曲分析

利用 ANSYS 有限元软件对波形钢腹板支架进行弹性屈曲分析，有助于定性了解波形钢腹板支架的平面内稳定，从而对该结构的稳定性进行分析与预测。从弹性屈曲分析获得的弹性屈曲荷载是后续非线性屈曲分析中所需施加荷载的参考，同时弹性屈曲分析获得的一阶屈曲模态也是非线性屈曲分析中初始缺陷的施加依据。

本章主要对静水压力下和集中加载下波形钢腹板工形截面钢构件进行特征值屈曲分析。腹板波形采用正弦波形，首先设定某一截面尺寸，得到构件在静水压力下翼缘局部失稳的一阶弹性屈曲荷载和屈曲模态以及集中加载下腹板局部失稳的一阶弹性屈曲荷载和屈曲模态（一阶屈曲荷载简称为弹性屈曲荷载）；之后，基于该设定截面，逐一变化截面尺寸各参数和支架矢跨比（圆心角），考察截面尺寸各参数和支架矢跨比对构件局部稳定弹性屈曲荷载的影响。

7.1.1 静水压力下波形钢腹板支架弹性屈曲分析算例

1. 有限元建模

采用 ANSYS 有限元软件 SHELL181 单元进行分析，见图 7.1-1，SHELL 181 适用于由薄到中等厚度的壳结构，该单元有 4 个节点，每个单元节点有 6 个自由度，分别为沿节点 X、Y、Z 方向的平动及绕节点 X、Y、Z 轴的转动。还能定义复合材料多层壳。

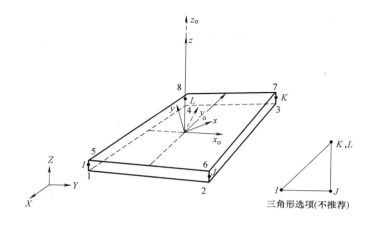

图 7.1-1　SHELL181 单元

在利用 ANSYS 有限元软件进行非线性屈曲分析之前，必须先对波形钢腹板支架完成初步的特征值屈曲分析，也就是弹性屈曲分析或平衡分叉屈曲分析。首先，建立一榀半圆形拱波形钢腹板的有限元模型，对其进行全断面静水压力下的 ANSYS 特征值屈曲分析。

在本算例中，圆形支架的半径 $R=2.6\text{m}$，采用矢跨比为 3/10（120°圆心角）各截面参数设置如下：波形钢腹板波幅 $f=20\text{mm}$，波长 $\lambda=150\text{mm}$，腹板高度 $h_\text{w}=300\text{mm}$，腹板厚度 $t_\text{w}=3\text{mm}$，翼缘宽度 $b_\text{f}=150\text{mm}$，翼缘厚度 $t_\text{f}=2.5\text{mm}$。特征值屈曲分析是弹性分析，因此假设钢材为线弹性材料，钢材弹性模量 $E_\text{s}=206\text{GPa}$，泊松比 $\nu=0.30$。

在建模过程中，仍将两侧端点作为固端约束，因重点研究构件的局部失稳，为避免平面外失稳，约束住了 5 点的面外位移，防止发生面外失稳。加载形式为静水压力。图 7.1-2 为有限元建模情况。

2. 弹性屈曲分析结果

在 ANSYS 有限元软件中进行特征值屈曲分析，一般按照如下步骤进行：

第一步，静力分析；

第二步，特征值屈曲分析。

支架可能发生的第一阶屈曲模态如图 7.1-3 和图 7.1-4 所示。

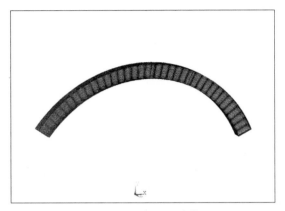

图 7.1-2 有限元建模

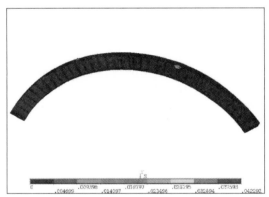

图 7.1-3 翼缘局部失稳（第一阶）

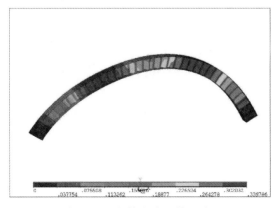

图 7.1-4 整体失稳（第二阶）

由图 7.1-3 可知：在拱构件的两侧对称位置出现局部失稳，一阶屈曲荷载为 $257kN/m^2$，将此面荷载乘以翼缘宽度即为对应的线荷载 $p_{cr1}=257×0.15=38.55$（kN/m）。

7.1.2 翼缘弹性屈曲参数分析

1. 截面尺寸各参数的影响

以 7.1.1 中支架的断面尺寸和截面尺寸为基础，分别改变波形钢腹板支架的截面各参数，包括波形腹板的高度 h_w，腹板的厚度 t_w（从而改变腹板高厚比），翼缘的厚度 t_f，翼缘的宽度 b_f（从而改变翼缘的宽厚比），以及矢跨比（圆心角）等几何参数，研究板件的弹性屈曲荷载随各参数变化的情况。

在本次参数分析中，当固定腹板的高厚比、翼缘的宽厚比足够大时，构件仅发生翼缘的局部失稳，如图 7.1-3 所示，随着宽厚比逐渐减小，翼缘的稳定性有所提升，构件整体失稳与翼缘局部失稳一起发生。随着宽厚比的继续减小，构件最后只发生整体失稳，如图 7.1-4 所示。因此，我们在大量的参数分析后，仅选择翼缘局部失稳的荷载数据作为参考。

图 7.1-5（a）～（f）给出了在不同腹板宽厚比情况下固定翼缘的宽度，通过改变翼缘厚度从而改变翼缘宽厚比作为横坐标，荷载作为纵坐标时的关系曲线；其中翼缘的固定宽度为 150mm，翼缘的厚度由 1.5mm 增至 30mm。

从图 7.1-5（a）～（e）可以看出，在翼缘宽厚比较大时（大于 60），构件翼缘的局部稳定极限承载力很小，只有 20～30kN/m，但当翼缘宽厚比减

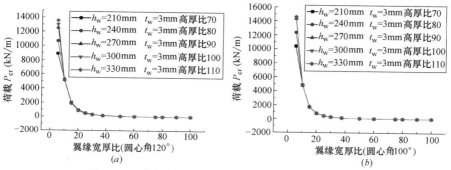

图 7.1-5 支架弹性屈曲荷载与翼缘宽厚比关系（一）

（a）120°失稳荷载与翼缘宽厚比关系；（b）100°失稳荷载与翼缘宽厚比关系

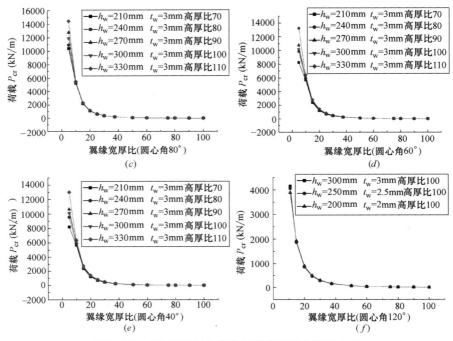

图 7.1-5 支架弹性屈曲荷载与翼缘宽厚比关系（二）

（c）80°失稳荷载与翼缘宽厚比关系；（d）60°失稳荷载与翼缘宽厚比关系
（e）40°失稳荷载与翼缘宽厚比关系；（f）120°失稳荷载与翼缘宽厚比关系

小至 25（翼缘厚度逐渐增至 6mm），其屈曲荷载增加为 700~800kN/m，为之前的 30~40 倍。随着宽度逐渐增加，其翼缘宽厚比不断减小，其屈曲荷载不断急速增大，增加至 10000kN/m 以上。

另外从图 7.1-5（a）可以看出，在相同矢跨比（圆心角）、同等翼缘宽厚比下，更改腹板的高度从而改变腹板的高厚比，可看出随着腹板的高厚比逐渐增大，其翼缘局部失稳的屈曲荷载逐渐增大，当翼缘宽厚比大于 15 时，其屈曲荷载几乎相等。表明在这段曲线中，腹板高厚比对翼缘屈曲荷载为弱影响因素，当翼缘宽厚比小于 15 时，不同翼缘高厚比的屈曲荷载发生明显分叉，屈曲荷载曲线相互拉开，图 7.1-5（b）~（e）也有此规律。由此可知腹板高厚比对翼缘屈曲荷载为弱影响因素。由图 7.1-5（f）可知，同时改变腹板的高度与厚度，但是腹板的高厚比值固定，翼缘的局部承载能力几乎没有变化，因此，翼缘局部失稳与腹板的高厚比本身有关。

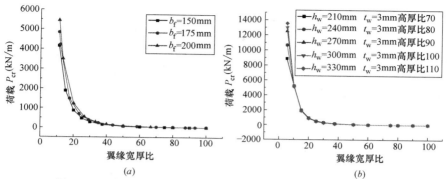

图 7.1-6　支架弹性屈曲荷载与翼缘几何参数变化的关系（120°）

（a）120°翼缘宽厚度变化；（b）120°翼缘厚度变化

由图 7.1-6（a）可知，腹板的高厚比相同情况下，构件宽厚比在大于 40 以上时，不同翼缘宽度的构件极限承载力几乎相等，但随着宽厚比的增大，构件的弹性屈曲荷载稍有增加，当翼缘宽厚比小于 40 时，此时不同翼缘宽度的 3 个构件屈曲荷载有明显差异，当宽厚比为 11 时，3 个构件的屈曲荷载分别为 4154kN/m、4842kN/m、5445kN/m，相邻两翼缘宽度的支架承载力增幅依次约为 16.6%、12.7%。由图 7.1-6（b）可知，当固定翼缘宽度，增大翼缘厚度（减小翼缘宽厚比）时，翼缘的局部稳定承载力不断提升。说明减小翼缘的宽度或增大翼缘的厚度都会增大翼缘的局部稳定承载力。

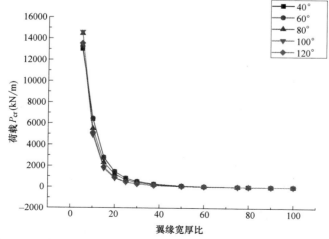

图 7.1-7　支架弹性屈曲荷载与翼缘宽厚比关系（在不同圆心角下）

图 7.1-7 给出了不同圆心角时，支架的屈曲荷载随翼缘宽厚比的变化情况。当翼缘宽厚比小于 37 时，支架的屈曲荷载迅速增大，但同一翼缘宽厚比时圆心角越大，屈曲荷载越小；当翼缘宽厚比大于 37 时，拱形支架结构的屈曲荷载基本不变。

2. 分析小结

综合以上可以得到：

（1）在静水压力下，波形钢腹板拱形结构翼缘容易发生局部失稳。随着翼缘的宽厚比逐渐减小、腹板高厚比的增大，翼缘的局部极限承载力有所提升，其屈曲荷载逐渐增大，当宽厚比减小到一定数值后，翼缘的局部极限承载力会大幅提高。翼缘宽度，翼缘厚度，腹板高度，腹板厚度对支架的弹性屈曲荷载的影响较大，属于敏感参数，弹性屈曲荷载随着这 4 个参数的变化而显著变化。

（2）在静水压力下，当翼缘的宽厚比＞40 时，圆心角对构件的局部极限承载力没有影响；当翼缘宽厚比＜40 时，圆心角对构件的局部极限承载力造成一定影响，属于弱敏感系数。

7.1.3　腹板弹性屈曲参数分析

1. 有限元建模

在本算例中，圆形支架的半径 $R＝7.06\mathrm{m}$，矢跨比为 3/10（120°圆心角）。各截面参数设置如下：腹板波幅 $f＝20\mathrm{mm}$，腹板波长 $\lambda＝150\mathrm{mm}$，腹板高度 $h_\mathrm{w}＝1200\mathrm{mm}$，腹板厚度 $t_\mathrm{w}＝3\mathrm{mm}$，翼缘宽度 $b_\mathrm{f}＝200\mathrm{mm}$，翼缘厚度 $t_\mathrm{f}＝30\mathrm{mm}$。特征值屈曲分析是弹性分析，因此假设钢材为线弹性材料，钢材弹性模量 $E_\mathrm{s}＝206\mathrm{GPa}$，泊松比 $\nu＝0.30$。

在建模过程中，与翼缘组一样，仍将两侧端点作为固端进行约束，本次重点研究构件的局部失稳情况，为避免平面外失稳情况，约束上翼缘与下翼缘的边缘线（共 4 条）的位移，防止面外失稳的发生，加载形式为跨中一点集中加载。图 7.1-8 为有限元建模（腹板屈曲分析）。

2. 腹板局部屈曲的主要特征

由以上计算可知，在拱构件的跨中位置出现腹板的局部失稳，并带动上方翼缘出现局部失稳，在第 6 章所有的参数分析，几乎所有的腹板局部失稳都会连带翼缘发生小幅度局部失稳，本次算例一阶屈曲荷载为 $3341\mathrm{kN/m}^2$。

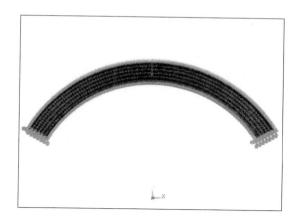

图 7.1-8　有限元模型（腹板屈曲分析）

在以下参数分析中，当翼缘宽厚比足够小时（即翼缘的局部稳定承载力足够强时），随着腹板高厚比的逐渐减小，由腹板局部失稳主导的（图7.1-9）变形渐渐变成翼缘主导的变形（图 7.1-10）。而当翼缘宽厚比较大时（由上一小节可知，当翼缘宽厚比较大时，翼缘的局部承载能力较弱），无论腹板高厚比怎样变化，都是翼缘首先失稳。因此本节在大量的参数分析后，选择腹板主导失稳的数据作为参考。

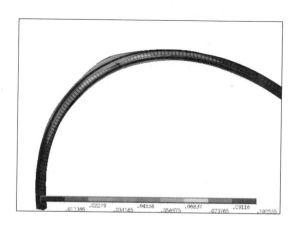

图 7.1-9　腹板局部失稳形态

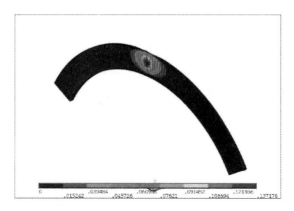

图 7.1-10 翼缘主导的变形

3. 各截面参数的影响

分别选择翼缘的宽厚比为 5～20，腹板高厚比为 220～600，圆心角为 30°～120°，分析波形钢腹板拱结构局部弹性屈曲的失稳荷载以及对应屈曲形态，图 7.1-11 为支架弹性屈曲荷载与腹板高厚比关系。

由于当腹板厚度较大时不出现腹板的局部失稳，而出现翼缘的局部失稳，故而为了更好地参数分析，以上图中均采用固定腹板的厚度，改变腹板的高度而得到的腹板高厚比作为横坐标，失稳荷载作为纵坐标；其中腹板的固定厚度为 3mm，腹板高度由 660mm 增至 1800mm。

由图 7.1-11（a）～（d）可知：一点加载与三点加载中，所有的曲线变化趋势均相同，随着腹板的高厚比逐渐增大，其屈曲荷载起初以线性趋势增大，当到达某一峰值（本小节的计算均在 350～400）后，其屈曲荷载随着高厚比的增加逐渐呈线性减小，由此可近似确定腹板最优高厚比的区间。

由图 7.1-11（a）、（b）知：增加翼缘的宽度与翼缘的厚度，腹板失稳的屈曲荷载都有显著增加。当翼缘的厚度 t_f 由 30mm 增至 50mm 时，其屈曲荷载值近似增大为原来的 1.5～2 倍；当翼缘宽度 b_f 由 200mm 增至 400mm 时，其屈曲荷载值近似增大为原来的 1.4～1.8 倍。可以说明随着翼缘的宽度以及厚度逐渐增加，腹板的局部稳定承载性能逐步提高。

由图 7.1-11（a）～（d）可知，宽厚比为 4 的构件以及宽厚比为 13.33 的构件分别对应较大的翼缘厚度与翼缘宽度。当腹板的高厚比逐渐增大时，翼缘宽度较大的构件局部稳定承载力更强；当腹板的高厚比达到某一

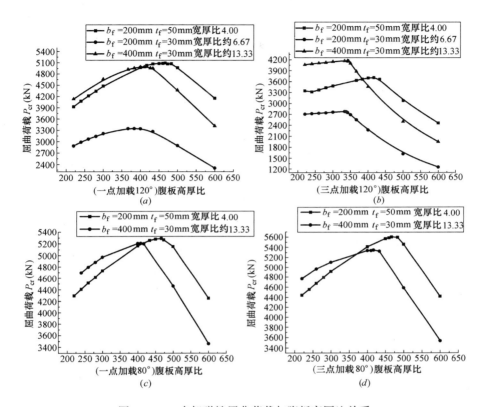

图 7.1-11　支架弹性屈曲荷载与腹板高厚比关系

(a) 一点加载失稳荷载与翼缘宽度厚度关系（120°）；(b) 三点加载失稳荷载与翼缘宽度厚度关系（120°）；
(c) 一点加载失稳荷载与翼缘宽度厚度关系（80°）；(d) 三点加载失稳荷载与翼缘宽度厚度关系（80°）

个峰值后（350~400），翼缘厚度较大的构件局部稳定承载力更强。

　　由图 7.1-12 (a)、(b) 可知，同时增大腹板的高度与厚度保证腹板的高厚比不变，腹板的局部稳定承载力亦有显著的增强。对于一点加载，当高厚比达到某一个值时，此时随着高厚比的逐渐增大，屈曲荷载开始下降，而三点加载时，屈曲荷载随腹板高厚比的变化不明显。

　　由图 7.1-13 (a)、(b) 可知，在一点加载的情况下，不同圆心角（矢跨比）的波形钢腹板拱结构在相同高厚比的情况下，随着圆心角的增大，其腹板的局部稳定承载力均有所降低，30°和 120°圆心角对应的支架最大弹性局部屈曲荷载相差 24.7%。各个圆心角腹板的局部稳定承载力随着腹板高厚比的增大先增加后减小，三点加载同一点加载呈现相似的规律。

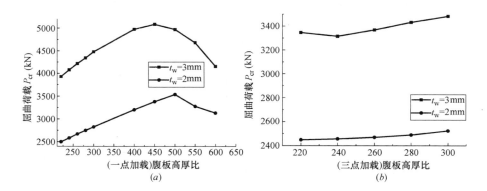

图 7.1-12 支架弹性屈曲荷载与腹板厚度关系

（a）一点加载腹板高厚比；（b）三点加载腹板高厚比

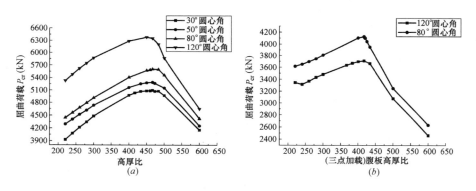

图 7.1-13 支架弹性屈曲荷载与圆心角关系

（a）一点加载失稳荷载与圆心角关系；（b）三点加载失稳荷载与腹板厚度关系

由图 7.1-14（a）～（d）可知，刚开始随着腹板的高厚比逐渐增大，两种加载方式腹板的局部稳定承载力均几乎呈线性增强，当高厚比达到某一个值时，随着腹板高厚比增大，腹板的承载力开始下降。

由于三点加载时腹板中剪力更大，更容易导致腹板失稳，因此三点加载方式的腹板高厚比临界值比一点加载临界值小。

4. 分析小结

（1）不同圆心角（矢跨比）以及不同加载方式的情况下，减小翼缘的

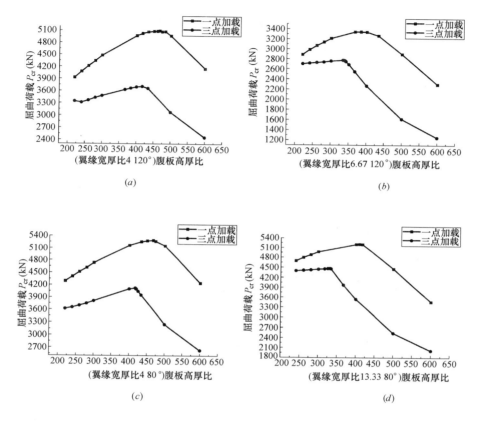

图 7.1-14　支架弹性屈曲荷载与加载方式关系

（a）宽厚比 4 时失稳荷载与加载方式关系（120°）；

（b）宽厚比 6.7 时失稳荷载与加载方式关系（120°）；

（c）宽厚比 4 时失稳荷载与加载方式关系（80°）；

（d）宽厚比 13.3 时失稳荷载与加载方式关系（80°）

宽度与增大翼缘的厚度，可以增强腹板的局部极限承载力，在一定腹板的高厚比范围内，两个参数影响的幅度不同，在较小的高厚比情况下，翼缘宽度影响更大，在较大的高厚比下，翼缘厚度影响更大。而相同的翼缘宽厚比，且高厚比 300 以下时，随着腹板高度和腹板厚度的增大，其局部稳定承载力亦有较大增强。

（2）腹板的局部稳定承载力起初随着腹板的高厚比增大而提高，但到达一定峰值时，腹板的局部稳定承载力开始下降。

（3）腹板的局部稳定承载力与约束方式以及加载方式有一定关系，随着圆心角（矢跨比）的逐渐增大，其局部稳定承载力也增大。

7.2 弹塑性局部屈曲分析

为使分析更加贴合实际，考虑材料非线性以及几何非线性，本节将在7.1节的弹性屈曲分析的基础上，进行非线性屈曲分析，将之前的弹性屈曲分析中得到的屈曲荷载作为非线性屈曲分析中所需施加荷载的参考标准，并将之前的弹性屈曲分析中得到的一阶屈曲模态作为非线性屈曲分析中的初始缺陷的施加依据。本节将对翼缘与腹板局部稳定进行弹塑性屈曲分析，并以此为基础，提出在实际工程中腹板高厚比以及翼缘宽厚比的建议值。

7.2.1 有限元建模

1. 有限元模型

运用有限元方法分析波形钢腹板拱构件翼缘的极限承载力，采用的模型参考了弹性屈曲分析的有限元模型，由于 SHELL181 非常适用于线性、大转角和大应变非线性的应用，因此本节仍然采用 SHELL181 单元建立模型。

2. 材料非线性

为模拟钢材屈服后的应力—应变特征，采用 Q345 钢材多线性应力—应变材料模型，如图 7.2-1 所示。其中，钢材弹性模量取 206GPa，泊松比取 0.3，钢材的屈服强度 σ_y 和抗拉强度 σ_u 的取值，

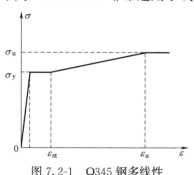

图 7.2-1 Q345 钢多线性应力-应变材料模型

参考了《低合金高强度结构钢》GB/T 1591—2018[1] 的有关规定，分别取其力学性能要求的下限值，$\sigma_y = 345\text{MPa}$、$\sigma_u = 470\text{MPa}$。

本书采用是 Von Mises 材料屈服准则，即认为当某一点的等效应力

应变达到与应力应变状态有关的定值时（单向拉伸屈服时的形状改变能），材料发生屈服；材料进入弹塑性阶段后，其应力和应变不再——对应，无法建立起最终应力状态和应变状态间的全量关系，只能建立应力和应变间的增量关系。

3. 初始缺陷

工形截面翼缘较宽，波形腹板一般厚度较小，最薄可为 $1 \sim 2mm$，因此在轧制成形、焊接、运输以及安装过程中均会不可避免地出现一定程度的局部初始变形，表现为不完全规则的波形形状。主要变形是翼缘和腹板平面外的鼓曲，因此在对波形钢腹板工形截面的结构承载力进行分析时，应考虑其影响，在进行非线性分析时，通过添加一定的初始缺陷来实现修正。参考《钢结构工程施工规范》GB 50755—2012[2] 的要求，初始缺陷为 $S/1000$，$S = 5.0t_f$，t_f 为翼缘宽度。

7.2.2 翼缘弹塑性屈曲参数分析

1. 算例分析

本节对于波形钢腹板支架拱结构翼缘弹塑性屈曲参数进行分析，分析项目主要包括圆心角 θ、腹板高度 h_w、腹板厚度 t_w、翼缘宽度 b_f、翼缘厚度 t_f，算例分析参数表见表 7.2-1，通过更改这些参数研究上述各参数对翼缘的极限承载力的影响。构件编号为 P-N-××，N 为试件序号，×× 为支架拱的圆心角度。

算例分析参数表　　　　　　　　　　　表 7.2-1

编号	矢跨比	腹板高度 h_w(mm)	腹板厚度 t_w(mm)	翼缘宽度 b_f(mm)	翼缘厚度 t_f(mm)
P-1-120	29/100	300	3	150	2
P-1-100	23/100	300	3	150	2
P-1-80	18/100	300	3	150	2
P-1-60	13/100	300	3	150	2
P-2-120	29/100	300	3	150	4
P-2-100	23/100	300	3	150	4
P-2-80	18/100	300	3	150	4
P-2-60	13/100	300	3	150	4

续表

编号	矢跨比	腹板高度 h_w(mm)	腹板厚度 t_w(mm)	翼缘宽度 b_f(mm)	翼缘厚度 t_f(mm)
P-3-120	29/100	300	3	150	6
P-3-100	23/100	300	3	150	6
P-3-80	18/100	300	3	150	6
P-3-60	13/100	300	3	150	6
P-4-120	29/100	300	3	175	6
P-4-100	23/100	300	3	175	6
P-4-80	18/100	300	3	175	6
P-4-60	13/100	300	3	175	6
P-5-120	29/100	300	3	200	6
P-5-100	23/100	300	3	200	6
P-5-80	18/100	300	3	200	6
P-5-60	13/100	300	3	200	6
P-6-120	29/100	300	4	150	6
P-6-100	23/100	300	4	150	6
P-6-80	18/100	300	4	150	6
P-6-60	13/100	300	4	150	6
P-7-120	29/100	300	5	150	6
P-7-100	23/100	300	5	150	6
P-7-80	18/100	300	5	150	6
P-7-60	13/100	300	5	150	6
P-8-120	29/100	330	3	150	6
P-8-100	23/100	330	3	150	6
P-8-80	18/100	330	3	150	6
P-8-60	13/100	330	3	150	6
P-9-120	29/100	270	3	150	6
P-9-100	23/100	270	3	150	6
P-9-80	18/100	270	3	150	6
P-9-60	13/100	270	3	150	6

将计算的结果整理，见表 7.2-2 并作出图 7.2-2～图 7.2-5 图形。

算例计算结果　　　　　　　　　　　　　　表 7.2-2

编号	极限承载力 （kN/m²）	编号	极限承载力 （kN/m²）	编号	极限承载力 （kN/m²）
P-1-120	130.83	P-2-120	771.37	P-3-120	1323.40
P-1-100	149.52	P-2-100	799.72	P-3-100	1347.11
P-1-80	174.90	P-2-80	806.67	P-3-80	1360.31
P-1-60	247.20	P-2-60	874.78	P-3-60	1547.26
P-4-120	1341.58	P-5-120	1145.35	P-6-120	1374.70
P-4-100	1287.90	P-5-100	1250.56	P-6-100	1377.11
P-4-80	1261.02	P-5-80	1242.25	P-6-80	1400.52
P-4-60	1434.46	P-5-60	1350.19	P-6-60	1564.97
P-7-120	1402.85	P-8-120	1365.06	P-9-120	1371.35
P-7-100	1428.62	P-8-100	1449.99	P-9-100	1342.39
P-7-80	1438.82	P-8-80	1316.04	P-9-80	1340.78
P-7-60	1523.85	P-8-60	1678.46	P-9-60	1488.77

2. 参数分析

　　腹板的高度对波形钢腹板拱结构翼缘局部稳定承载力的影响如图 7.2-2 所示。从图 7.2-2 中可以看出，试件翼缘的局部极限承载力随着圆心角的增大，基本呈减小的趋势。构件翼缘的宽厚比一定时，腹板高度 h_w 的增加提高了翼缘的局部稳定承载力。当圆心角大于 80°，3 个构件的极限承载力差值很小；当圆心角为 60°时，$h_w = 330\text{mm}$ 的构件最大失稳

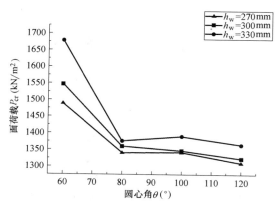

图 7.2-2 腹板的高度对波形钢腹板拱
结构翼缘局部稳定承载力的影响

荷载达到 $1678kN/m^2$，$h_w = 300mm$ 的构件最大失稳荷载达到 $1547kN/m^2$，而 $h_w = 270mm$ 的构件最大失稳荷载为 $1488kN/m^2$，三者的差值随着圆心角的减小显著增加，说明腹板高度对于较小的角度会更加敏感，从而影响翼缘的局部极限承载力。

腹板的厚度对波形钢腹板拱结构翼缘局部稳定承载力的影响如图 7.2-3 所示。从图 7.2-3 中可以看出，试件翼缘的局部极限承载力随着圆心角的增大基本呈减小的趋势。翼缘的宽厚比一定时，随着腹板高度的增加，翼缘的局部极限承载力也有所增加。当圆心角小于 80° 时，构件的极限承载力差距较小；而当角度大于 80° 时，三个构件的极限承载力逐渐拉大。腹板厚度由 3mm 变化到 5mm，最大极限承载力由 $1323kN/m^2$ 变化到 $1587kN/m^2$（增幅约 20%）。说明腹板的厚度对翼缘极限承载力的影响较小，是弱敏感系数。

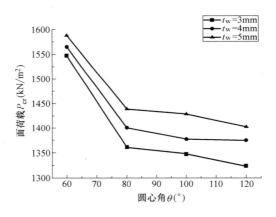

图 7.2-3　腹板的厚度对波形钢腹板拱结构翼缘局部稳定承载力的影响

翼缘宽度对波形钢腹板拱结构翼缘局部稳定承载力的影响如图 7.2-4 所示。从图 7.2-4 中可以看出，试件翼缘的局部极限承载力随着圆心角的增大基本呈减小的趋势。当腹板的高厚比一定时，随着翼缘宽度的增加，翼缘的局部极限承载力有所下降。

翼缘厚度对波形钢腹板拱结构翼缘局部稳定承载力的影响如图 7.2-5 所示。从图中可以看出，当角度大于 80° 时，圆心角对翼缘的局部稳定承载力影响不大，曲线几乎持平；当角度小于 80° 时，翼缘极限承载力有较大提升，圆心角对翼缘极限承载力有较大影响。当固定腹板的高厚比，增

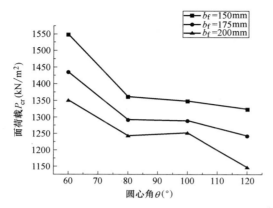

图 7.2-4　翼缘宽度对波形钢腹板拱结构翼缘局部稳定承载力的影响

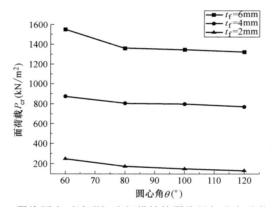

图 7.2-5　翼缘厚度对波形钢腹板拱结构翼缘局部稳定承载力的影响

大翼缘的厚度，翼缘的极限承载力有较大影响，在圆心角 60°时，t_f 由 2mm 增至 6mm，极限承载力由 247kN/m² 增至 1547kN/m²（增幅约 526%），说明翼缘厚度对翼缘极限承载力有较大影响，是敏感系数。

3. 翼缘宽厚比的取值建议

由弹塑性分析可知，翼缘宽厚比存在某一临界限值。当宽厚比大于限值时，支架会发生翼缘的局部失稳，当宽厚比小于这一限值时，支架会发生整体失稳。为保证工程中构件的稳定，避免局部失稳，我们对静水压力下半径 $R=2.6$m，180°波形钢腹板拱进行参数分析，分析其在常用尺寸下的翼缘局部失稳的宽厚比限值，并在实际工程中对波形钢腹板拱提出设计建议。

在半径为 2.6m 的支架中，其波形钢腹板高度通常不超过 500mm，厚度可为 2mm、2.5mm、3.0mm、3.5mm、4.0mm、5.0mm、6.0mm。

从图 7.2-6 中可以看出，随着腹板高度的增大，支架发生翼缘局部失稳的宽厚比限值逐渐减小。当腹板高度为 500mm 时，其宽厚比限值为 7.66；当腹板高度达到 550mm 时，其宽厚比限值达到 7.42。

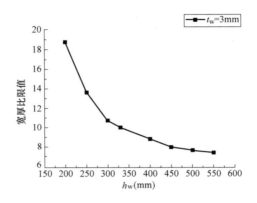

图 7.2-6 翼缘宽厚比限值与腹板高度曲线

从图 7.2-7 中可以看出，随着腹板厚度的增大，支架发生翼缘局部失稳的宽厚比限值有极小的增长。当腹板厚度为 2mm 时，其宽厚比限值为 10.71；当腹板厚度为 6mm 时，其宽厚比限值达到 10.9。

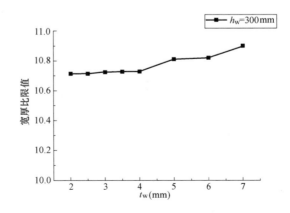

图 7.2-7 翼缘宽厚比限值与腹板厚度曲线

从图 7.2-8 中可以看出，随着翼缘宽度的增大，支架发生翼缘局部失稳的宽厚比限值有所增大。当翼缘宽度为 120mm 时，其宽厚比限值为 10.99。

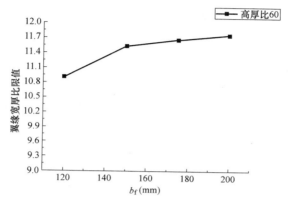

图 7.2-8 翼缘宽厚比限值与翼缘宽度曲线

由以上分析结果可知：翼缘宽厚比的临界值随着腹板高度的增大而减小，随着腹板厚度的增大而增大，随着翼缘宽度的增大而增大。因此采用工程中翼缘局部失稳时宽厚比最小限值分析，取腹板高度 $h_w = 500$mm，腹板厚度 $t_w = 2$mm，翼缘宽度 $b_f = 120$mm，得到腹板的限值为 7.39。

综合以上数据影响，建议在静水压力的情况下，半径 $R = 2.6$m 的波形钢腹板圆拱支架翼缘的宽厚比限值为 7。

4. 翼缘弹塑性分析小结

通过以上分析，可以得出如下结论：

（1）圆心角的减小会增大翼缘局部稳定承载力（120°→80°），随着圆心角的进一步减小（80°→60°），会对翼缘造成更强的约束作用，从而防止翼缘发生鼓曲而导致局部失稳。

（2）当圆心角较小时，h_w 对翼缘的稳定承载力影响较大，t_w 对翼缘的承载力影响较小。而当圆心角较大时，h_w 对翼缘的承载力影响较小，t_w 对翼缘的承载力影响较大。说明在不同的圆心角条件下，几何参数对承载力的影响程度不同，圆心角较小时，h_w 影响较大，而当圆心角较大时，t_w 影响较大。

（3）翼缘宽度 b_f 与翼缘厚度 t_f 对翼缘失稳的极限承载力有较大影响，适当提高翼缘厚度可以较大提升翼缘的局部极限承载力。

（4）半径为 2.6m 的巷道及波形钢腹板构件常用的尺寸范围是：腹板厚度为 2～7mm，腹板高度为 200～500mm，翼缘宽度为 120～200mm，最终给出工程中翼缘的宽厚比不大于 7 的设计建议。

7.2.3 腹板弹塑性屈曲参数分析

1. 算例分析

主要参照 7.1.3 内容对构件的几何参数进行分析，其中包括圆心角 θ、腹板高度 h_w、腹板厚度 t_w、翼缘宽度 b_f、翼缘厚度 t_f，算例分析具体参数表见表 7.2-3，通过改变这些参数来研究上述各参数对翼缘稳定承载力的影响。构件编号为 P-N-××，N 为试件序号，×× 为圆心角度。

算例分析具体参数表　　　　　表 7.2-3

编号	矢跨比	腹板高度 h_w(mm)	腹板厚度 t_w(mm)	翼缘宽度 b_f(mm)	翼缘厚度 t_f(mm)
P-1-120	29/100	600	3	300	40
P-1-80	18/100	600	3	300	40
P-1-50	11/100	600	3	300	40
P-1-30	7/100	600	3	300	40
P-2-120	29/100	800	2	300	40
P-2-80	18/100	800	2	300	40
P-2-50	11/100	800	2	300	40
P-2-30	7/100	800	2	300	40
P-3-120	29/100	800	3	200	40
P-3-80	18/100	800	3	200	40
P-3-50	11/100	800	3	200	40
P-3-30	7/100	800	3	200	40
P-4-120	29/100	800	3	300	30
P-4-80	18/100	800	3	300	30
P-4-50	11/100	800	3	300	30
P-4-30	7/100	800	3	300	30
P-5-120	29/100	800	3	300	40
P-5-80	18/100	800	3	300	40
P-5-50	11/100	800	3	300	40
P-5-30	7/100	800	3	300	40
P-6-120	29/100	800	3	300	50
P-6-80	18/100	800	3	300	50
P-6-50	11/100	800	3	300	50

编号	矢跨比	腹板高度 h_w(mm)	腹板厚度 t_w(mm)	翼缘宽度 b_f(mm)	翼缘厚度 t_f(mm)
P-6-30	7/100	800	3	300	50
P-7-120	29/100	800	3	400	40
P-7-80	18/100	800	3	400	40
P-7-50	11/100	800	3	400	40
P-7-30	7/100	800	3	400	40
P-8-120	29/100	800	4	300	40
P-8-80	18/100	800	4	300	40
P-8-50	11/100	800	4	300	40
P-8-30	7/100	800	4	300	40
P-9-120	29/100	1000	3	300	40
P-9-80	18/100	1000	3	300	40
P-9-50	11/100	1000	3	300	40
P-9-30	7/100	1000	3	300	40

将计算的结果整理列出表 7.2-4，并作出图 7.2-9～图 7.2-12。其中试件的稳定承载力为试件翼缘发生局部失稳时所施加的均布面荷载。

算例计算结果　　　　　表 7.2-4

编号	稳定承载力 (kN/m²)	编号	稳定承载力 (kN/m²)	编号	稳定承载力 (kN/m²)
P-1-120	949.93	P-2-120	778.38	P-3-120	877.22
P-1-80	950.68	P-2-80	802.09	P-3-80	870.11
P-1-50	981.61	P-2-50	809.30	P-3-50	854.01
P-1-30	992.71	P-2-30	804.05	P-3-30	1058.38
P-4-120	900.77	P-5-120	1036.41	P-6-120	1187.81
P-4-80	898.46	P-5-80	1049.75	P-6-80	1224.57
P-4-50	874.91	P-5-50	1047.32	P-6-50	1231.39
P-4-30	1041.77	P-5-30	1041.95	P-6-30	1221.19
P-7-120	1145.79	P-8-120	1279.97	P-9-120	1101.07
P-7-80	1186.83	P-8-80	1280.02	P-9-80	1091.88
P-7-50	1138.82	P-8-50	1257.98	P-9-50	1122.61
P-7-30	1185.98	P-8-30	1466.34	P-9-30	1381.77

2. 参数分析

从图 7.2-9 可以看出：h_w=600mm 与 h_w=800mm 的构件随着圆心角的增大，承载力稍有波动，但是波动幅度并不大，最大波动位于 949～992kN/m²，最大承载力和最小承载力差值百分率为 4.5%，说明 h_w 在 600～800mm 时，圆心角的变化对腹板局部稳定承载力影响不大；而

h_w＝1000mm 的物体在圆心角由 50°减小至 30°时，极限承载力陡然增大，说明腹板高度较大时，圆心角对于腹板极限承载力的影响较大。当圆心角与翼缘宽厚比一定时，随着腹板高度的增加，腹板的局部稳定承载力也随之增大。

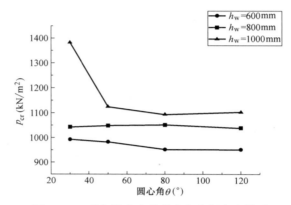

图 7.2-9　弹塑性稳定承载力与腹板高度关系

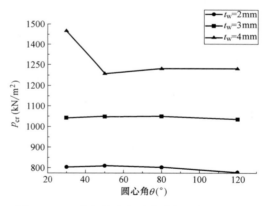

图 7.2-10　弹塑性稳定承载力与腹板厚度关系

从图 7.2-10 可以看出：t_w＝2mm 与 t_w＝3mm 的构件随着圆心角的增大，承载力稍有波动，但是波动幅度并不大，最大波动位于 788～809kN/m² ，最大承载力和最小承载力差值百分率为 2.7%，说明在 t_w＝2mm 至 t_w＝3mm 时，圆心角的变化对腹板极限承载力影响不大；而 t_w＝4mm 在圆心角由 50°减小至 30°时，极限承载力陡然增大，由 1257kN/m² 增至 1466kN/m² ，说明腹板厚度较大时，圆心角对于腹板极限承载力的影响较大。当圆心角与翼缘宽厚比一定时，随着腹板厚度的增加，腹板的局部稳定承载力有较大提高。

从图 7.2-11 可以看出：构件随着圆心角的增大，承载力稍有波动，但是波动幅度并不大，最大波动位于 1145～1205kN/m² ，最大承载力和最小承载力差值百分率为 5.2%，说明圆心角的变化对板件的腹板弹塑性极限承载力影响不大。当圆心角与腹板高厚比一定时，随着翼缘宽度的增加，腹板的局部极限承载力有较大提高。其中 30°圆心角比 50°圆心角极限承载力的增加了 13.8%。

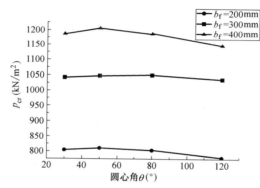

图 7.2-11　弹塑性稳定承载力与翼缘宽度关系

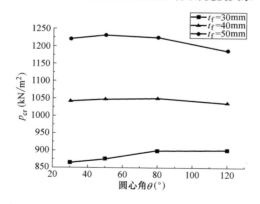

图 7.2-12　弹塑性稳定承载力与翼缘厚度关系

从图 7.2-12 可以看出：构件随着圆心角的增大，承载力稍有波动，但是波动幅度并不大，最大波动位于 864～901kN/m² ，最大承载力和最小承载力差值百分率 4.2%，说明圆心角的变化对腹板的局部稳定承载力影响较小。当圆心角与腹板高厚比固定时，翼缘的厚度增大，腹板的局部极限承载力有较大的提升，30°圆心角时承载力由 864kN/m² 增至 1221kN/m²（增幅约 41.3%）。

3. 腹板高厚比的取值建议

腹板高厚比也存在某一临界限值，当高厚比大于限值时，此时支架会先发生腹板的局部失稳，从而引起支架的整体失稳；当高厚比小于限值时，支架会先发生整体失稳。波形钢腹板在结构受力时，主要承受剪力，在理想静水压力下，腹板不承受荷载，因此无法出现局部失稳，但在实际工程中，拱形支架受到的不一定是均匀的静水压力，因而在本节分析中，选用多点径向集中加载的加载方式进行讨论。当加载点较多时，支架会出现腹板的局部失稳，并且对 7.2.3 中同样的拱形支架尺寸进行参数分析并给出波形钢腹板拱高厚比。

在参数分析中，当腹板厚度 t_w > 3mm 或翼缘厚度 < 27mm 时，腹板往往很难发生局部失稳，而会先发生翼缘的局部失稳，但在实际工程中翼缘的厚度往往取不到 25mm 及以上，因此本处内容仅讨论腹板 t_w ≤ 3mm 的情况，腹板的局部失稳如图 7.2-13 所示。

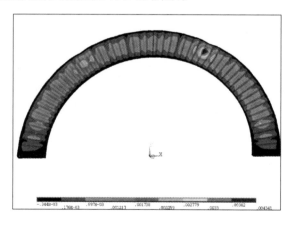

图 7.2-13　腹板的局部失稳

从图 7.2-14 中可以看出：随着腹板厚度的增大，支架发生腹板局部失稳的高厚比限值随之减小。当腹板厚度为 2mm 时，其高厚比限值为 357，当腹板厚度为 3mm 时，其高厚比限值为 312。

从图 7.2-15 中可以看出，随着翼缘宽度的增大，支架发生腹板局部

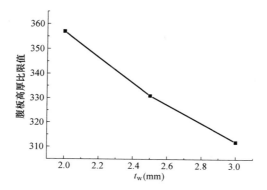

图 7.2-14　腹板高厚比临界值与腹板厚度关系

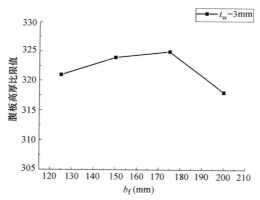

图 7.2-15　腹板高厚比临界值与翼缘宽度关系

失稳的高厚比限值变化很小。当翼缘宽度取 200mm 时，其高厚比限值为 349。

　　由以上分析可知，腹板高厚比的临界值随着腹板厚度的增大而减小，随着翼缘宽度的增大先增大后减小。因此，采用工程中腹板局部失稳发生时高厚比最小限值的尺寸进行分析，取翼缘厚度 $t_f = 30$mm，腹板厚度 $t_w = 3$mm，翼缘宽度 $b_f = 200$mm，得到的腹板的高厚比限值为 299；取翼缘厚度 $t_f = 30$mm，腹板厚度 $t_w = 3$mm，翼缘宽度 $b_f = 120$mm，得到的腹板的高厚比限值为 331。

　　综合以上工程常见的尺寸对腹板局部失稳的高厚比限值的影响，拟建议半径 $R = 2.6$m 的波形钢腹板圆拱支架腹板的高厚比限值为 299。当腹板高厚比为 299、腹板为 3mm 时，计算的腹板高度为 897mm；当腹板高厚比为 299、腹板为 2mm 时，计算的腹板高度为 598mm，而在半径 R 为 2.6m 的拱形支架实际工程中，几乎取不到这两个腹板高度值，因此，在实际工程可以不考虑腹板的局部失稳。

4. 腹板弹塑性分析小结

（1）圆心角对腹板的局部稳定承载能力影响较小，但当腹板的高度较大（≥1000mm）或腹板的厚度较大时（≥4mm），圆心角对腹板的局部稳定承载力有较大影响。

（2）腹板高度 h_w、腹板厚度 t_w、翼缘宽度 b_f、翼缘厚度 t_f 对腹板的局部稳定承载力影响较大，属于敏感系数，当固定其他参数，增大腹板高度、厚度，翼缘宽度或厚度时可提高腹板的局部稳定承载力。

（3）对实际工程中巷道半径 $R=2.6$m 与其常用尺寸范围：腹板厚度 $t_w=2\sim3$mm，翼缘宽度 $b_f=120\sim200$mm 进行参数分析，从而给出工程中腹板高厚比不大于 290 的设计建议。

参考文献

[1] 鞍钢股份有限公司. 低合金高强度结构钢：GB/T 1591—2008 [S]. 北京：中国标准出版社，2008.

[2] 中国建筑股份有限公司. 钢结构工程施工规范：GB 50755—2012 [S]. 北京：中国建筑工业出版社，2012.

8 波形钢腹板支架与围岩的相互作用关系研究

围岩对支架而言是边界条件，也是荷载的载体。前几章暂时忽略了围岩的边界条件，主要分析了围岩压力对支架单方面的作用，本章则分析支架与围岩的相互作用关系。

8.1 波形钢腹板支架支护方案

8.1.1 软岩巷道围岩变形破坏特征与支护分析

1. 软岩巷道的变形过程分析

软岩巷道中围岩因变形较大、高地压、稳定性差的特征，使支护变得困难，导致了许多安全事故的发生，因此，许多采矿专家和岩石力学学者越来越关心巷道支护中围岩的变形破坏机理。

在巷道开挖前，岩体本身在自身重力和周围地质条件下构造应力的相互影响下，经过多年历史的演变最终处于平衡稳定状态。掘进开挖使岩体本身的平衡发生扰动，使其原始的受力状态发生改变，上述受力状态改变的岩体被称为围岩。巷道因开挖，打破了原岩应力状态下的平衡，巷道断面周围岩体因少了开挖面岩体的约束，向巷道内部发生变形，并且其变形是随着时间延长而逐渐增大的。随时间发展，围岩的各部位在发生变形的同时其应力也在不停地调整变化，围岩的应力应变发展就是不断地适应其应力重新分布的结果。若要分析二次应力状态就要研究围岩的强度、变形特点和力学性质。

巷道周围岩体被开挖的瞬间，其原有的初始平衡状态被破坏，此时，巷道周围岩体因自身的部分应力被释放而发生其应力的重新分布。若岩体自身强度高、整体性好，或原始应力比较小，巷道周围围岩的应力水平就会维持在弹性应力状态，围岩最终的应力平衡状态被称为弹性分布，此时围岩的位移一般比较小，且变形发生到一定范围后其本身就会自行收敛，这种状态下的围岩是稳定的。理论上这种巷道不需要支护也能长期保持自稳。与上述情况不同，若巷道断面周围岩体本身强度就比较低或作用在其上的地应力比较大，洞壁周围的岩体所受应力超过了其岩体本身的屈服强度，围岩就会进入塑性状态，但在距离洞壁较远的岩体，因其最小主应力越来越大且强度较大使这部分岩体仍处于弹性状态，这种既有弹性应力状态又有塑性应力状态的现象被称为弹塑性分布。这种状态下的围岩若开挖后不进行支护，任其变形和应力随意地发展，最终会使围岩因承载力不足和变形过大而整体失稳破坏。因此，为了防止上述安全事故的发生，且使围岩有一定的安全保证，需要借助一定的外部支护结构作为围岩的约束条件，从而限制巷道断面周围岩体的位移和变形，保证巷道开挖安全。

2. 软岩巷道的破坏形式分析

软岩巷道大多受到非对称的环向压力，根据其类型的不同，巷道的变形破坏特点也不同，主要有以下几种：

（1）软弱型软岩巷道：软岩巷道中岩体应力的演化特点是明显的流变特性，即变形延续时间较长，变形演变速度较快，总的变形量较大。根据上述主要的特点可以分为因持续性的挤压流动造成底板鼓起；顶板因围岩强度较低，抵抗力较小造成大变形，岩体塌落；两帮因周围岩体挤压出现内缩等破坏形式。

（2）破碎型软岩巷道：巷道的变形特点体现在因岩体强度低，发生岩体挤压、松动，造成围岩塌落破坏和流变变形。可分为因顶板的位移变形较大产生冒落和两帮因岩层挤压发生片落破坏等形式，此时顶板容易发生大变形收缩且两侧收缩的位移也较大。

（3）高应力型软岩巷道：此类软岩巷道变形最主要的特点是时间效应对其影响较大。巷道变形量较大且持续时间较长时，就会产生持续破坏，其破坏深入围岩内部，使围岩的塑性区不断扩大造成洞室周围发生大规模破坏，巷道具有时效性，需要及时支护，但若采用刚性金属支架，虽然其强度较大但不能发生大变形，不能做到刚柔结合，很快也被压坏。

（4）软弱破碎型软岩巷道：这类巷道同时具有上述两种岩性的受力特点，造成其变形破坏过程复杂多样。初期来压快，位移变形量较大且持续发展，围岩的自稳定性很弱，若不及时支护，巷道周围围岩就会因强度较低、变形较大发生岩体冒落，导致巷道失稳、破坏。

（5）膨胀型软岩巷道：岩石中由于含有蒙脱石、伊利石等膨胀性黏土矿物，所以吸水易膨胀。且岩体膨胀不均匀会形成压力差，导致岩体崩解。若岩体吸水过多且几乎饱和，则岩体的强度会越来越低，也会使岩体完全丧失应力而表现为流变特性。

3. 软岩巷道中支护作用分析

软岩巷道中围岩和支护结构的相互作用主要是指在巷道开挖瞬间，其周围围岩会因失去边界约束而发生变形，其变形会因为开挖时间的不断延长而不断增加。若此时开始施加支护结构，根据收敛约束法可知：在支护结构施加的瞬间，其与围岩之间是没有相互作用的，当继续进行围岩开挖，因为开挖的空间效应影响的前部分围岩会继续变形与支护结构接触，此时围岩会对支护结构施加一个形变压力且形变压力会随着开挖面的不断掘进逐渐增大。因形变压力的影响支护体系会发生变形，支护因变形的作用会使其本身产生抗力，抵抗围岩的持续变形，二者之间相互作用、相互影响，使围岩与支护在力学分析上形成一个稳定体系的变化过程。

目前，对围岩和支护体系的相互作用分析存在两种计算模型：第一种模型是荷载结构模型，它采用已有的结构力学方法分析。主要思路是把围岩与支护体系分别单独分析，支护结构看成是承载体系，围岩不仅作为承载结构的主要荷载且围岩还会对支护体系的变形起约束作用，其约束作用主要体现在利用弹性支撑结构控制支护体系的约束，这种约束能力与围岩本身的自承载能力成正比（围岩的自承能力越大，支护体系的压力越小，约束能力就越强）。这种结构体系主要用在巷道周围围岩变形过大，支护结构承担较大的围岩压力。计算时的主要问题是要确定支护体系上的围岩压力和约束体系的弹性抗力，常用的计算方法有：弹性连续框架法、弹性地基梁法等。第二种模型叫作地层结构模型，它的主要思路是以岩石力学为基础，把围岩和支护体系作为巷道结构的共同承载结构，围岩是直接的承载体，支护体系主要控制围岩的变形。这类模型与现代施工水平相符合，现代施工技术可以利用快而强的支护结构控制围岩向巷道断面内部发生位移，避免围岩松动塌落。这类模型还可以考虑几何和材料非线性、开挖面空间效应等的影响，计算方法可以采用解析法、收敛约束法、有限元法，支护结构设计时最重要的是要确定围岩的地应力水平和材料的力学性质以及各种参数的取值。

8.1.2 基于波形钢腹板支架的联合支护技术

1. 波形钢腹板支架作用分析

波形钢腹板支架属于被动支护，围岩变形作用在支架上，波形钢腹板支架才能发挥作用，它在一般巷道中无法提供主动支护力。但是在软岩巷道中，特别是在深部软岩或高应力软岩巷道中，由于围岩开挖后变形速度快，围岩很快与波形钢腹板支架接触并产生支架承载力。波形钢腹板支架是刚性支架，采用可缩性接头，使支架具有一定的可缩性，通过支架接头可缩和壁后充填体压缩实现围岩让压。

波形钢腹板支架可以对围岩提供等强的径向支护力，使围岩表层岩体恢复三向应力状态，提供其环向承压能力，达到表层岩体稳定目的。表层岩体稳定又对深部岩体提供支撑，进而保证围岩整体稳定。

2. 锚网喷支护作用分析

早期的锚杆支护以围岩松动圈支护理论为依据应用于地下工程中，锚杆既能承受拉应力又能承受剪应力，传统锚杆的作用主要体现在：

（1）加固围岩：锚杆可以将围岩中的缝隙、破坏面等连成一个整体，可以提高围岩本身的自承载强度，可以将支护结构、裂隙围岩以及松散的岩体连成一个稳定的加强体系。

（2）支承围岩：锚杆可以承受轴力以此控制围岩的径向位移，并且可以对围岩施加压力以此使巷道断面周围内表面的受力较大的围岩处在三向受力条件下，从而阻止围岩自身强度的减弱。

（3）提高岩土界面间的摩擦：众多锚杆形成锚杆群，使水平或倾斜度不高的数层岩体形成一个整体，进而提高岩土界面间的摩擦力。

（4）"悬吊"作用：锚杆可以将危岩和稳定的岩体连接起来防止个别岩体的突然脱落。

3. 壁后充填作用分析

壁后充填主要是喷射混凝土层。初喷混凝土层主要是封闭围岩，喷射混凝土可以射入围岩裂隙中，能使凹凸不平的围岩表面紧紧连接起来，此外还可以防止巷壁的岩体因受扰动而脱落；对于易吸水膨胀的岩石，可以形成防护层防止水分的渗入和节理裂隙中填充物的流失。复喷混凝土层和金属网能够产生一定的径向支护力，给洞壁周围围岩施加抗力和剪力，阻止围岩自身强度的进一步减小。此外，混凝土喷层属于柔性结构，它能够在围岩不发生有害变形的条件下产生一定程度的变形，允许围岩产生卸载。

8.1.3　波形钢腹板支架加工制作与施工工艺

1. 波形钢腹板支架加工制作

可缩性波形钢腹板主要由上部波形钢腹板、下部波形钢腹板、端板、可缩性连接件（螺栓或套筒）组成。其特征有：两段独立的波形钢腹板的波形为正弦波、梯形波或三角形波，用焊接的方法将腹板与其上、下翼缘连接，在需要进行拼接各段的末端通过设置端板将其连接，各段构件弯成支架所需形状后，用可缩性连接件将其连接，具体安装流程如下：

（1）在工厂将上翼缘、下翼缘、波形钢腹板结构制作完成；

（2）在弯制机器上将翼缘、腹板弯成巷道支架的形状后通过焊接形成波形钢腹板工形截面结构，并在需要拼接的端部用端板将上、下翼缘和腹板焊接；

（3）将波形钢腹板工形截面构件运至施工现场；

（4）将相邻两段波形钢腹板留置好预定的滑移量后，通过可缩性连接件紧密连接形成支架结构。

2. 施工工艺

基于波形钢腹板支架的联合支护施工工艺流程：

（1）开挖巷道断面，尽量使洞室周边规整以减少超挖；

（2）开挖完成后及时进行临时支护，即 30～50mm 喷射混凝土封闭围岩，对围岩进行锚杆支护，形成初期支护；

（3）在支架和围岩之间铺设钢筋网，必要时增加防水层；

（4）安装波形钢腹板支架，先安装反底拱，然后安装两帮段，最后架设顶拱形成闭合结构；

（5）最后对壁后喷射混凝土填充。

8.2　波形钢腹板支架与软岩巷道围岩相互作用数值计算分析

8.2.1　概述

FLAC 即快速拉格朗日差分分析，是目前岩土力学计算中的重要数值方法之一。主要运用于对地下结构的稳定性评价、巷道开挖中支护设计及评价、地下洞室施工设计、河谷演化进程再现、拱坝稳定分析、隧道工程、矿山工程领域。

FLAC应用范围广泛，内含多种材料的本构关系模型，多种计算模式，多种结构形式和边界条件。其中本构关系主要分为空单元、弹性模型、塑性模型。每个单元都有相对应的材料模型或参数设置，材料参数主要分为线性分布和非线性分布两大类。边界条件可以是速度边界或应力边界。

利用FLAC建立有限元模型进行分析时，主要有三个必需的步骤：①生成有限差分网格；②设置主要参数，主要包括围岩以及支护的本构关系和材料参数；③根据工程实际要求定义围岩的边界约束条件和初始条件。完成上述各部分的参数定义后可进行初始条件下初始平衡的计算分析，随后可进行模型的开挖和支护分析。

8.2.2 单一岩性围岩与波形钢腹板支架相互作用的数值计算

1. 工程概况

数值计算中的模型以某煤矿巷道为原型，巷道处于-350m水平，巷道半径2.5m，煤种为褐煤及长焰煤，页岩含油率为14.31%。井田地质构造及水文情况简单，支架支护，煤系岩石软，洞室周围围岩岩性比较单一，主要含油泥岩，岩石强度低，颜色呈深灰色，形状呈块状结构，含有少量的植物的根茎化石。遇水易膨胀，稳定性差需要支护，支护方式主要采用锚杆锚索、围岩注浆、波形腹板支架支护。

2. 模型的建立

（1）有限元网格模型的建立

巷道开挖仅对其周围一定范围的岩体有影响，造成岩体的应力重分布。对于平面模型，一般取巷道直径的3～5倍，根据工程实际情况，本书确定有限元的计算模型为长×宽×高=50m×25m×50m，巷道中心与模型中心重合，网格划分时为了使计算更精确，对巷道周边的网格进行了加密，有限元模型图（单一岩性）如图8.2-1所示。

（2）本构关系和边界条件的确定

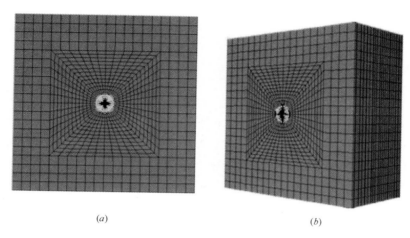

(a) (b)

图 8.2-1 有限元模型图（单一岩性）

(a) 平面图；(b) 三维图

岩体是工程中十分复杂的工程材料，我们对岩体采用摩尔-库仑塑性模型，该本构关系适用于因剪切应力而屈服，该模型的屈服应力取决于最大、最小主应力。锚杆采用锚索结构单元，锚索构件是弹、塑性材料只承受拉力，不承受弯矩。金属支架，主要参数有弹性模量、泊松比、横截面面积、关于梁结构 y 轴的惯性矩、关于梁结构 z 轴的惯性矩、极惯性矩。

边界条件中位移边界条件为侧面限制其垂直向位移，底部设置为三向约束。模型的上部为应力边界，施加的荷载为 8MPa，模拟上覆岩体的自重。

（3）计算参数的取值（表 8.2-1～表 8.2-3）

岩石力学参数取值（单一岩性） 表 8.2-1

密度 （kg/m³）	变形模量 （GPa）	剪切模量 （GPa）	摩擦角（°）	黏聚力 （MPa）	抗拉强度 （MPa）
2300	4	2	22	1	1.12

锚杆力学参数（单一岩性） 表 8.2-2

弹性模量 （GPa）	横截面面积 （m²）	水泥浆外圈周长(m)	单位长度水泥浆刚度 （N/m/m）	单位长度水泥浆的黏结力（N/m）	抗拉强度 （kN）
45	8×10^{-4}	1	1.75×10^{7}	1×10^{5}	100

支架截面参数（单一岩性）   表 8.2-3

腹板高度（mm）	腹板厚度（mm）	翼缘宽度（mm）	翼缘厚度（mm）
200	2	115	13

3. 计算结果分析

（1）模型开挖前初始平衡时不平衡力、位移、应力分析

FLAC 数值分析软件是通过迭代方法进行计算的，在迭代过程中监测到一些变量或参数的变化，可以用来分析判断模型是否正确，与实际是否相符，计算结果是否收敛，是否与已有的结论一致。为了验证本模型的正确性，提取了巷道开挖前只在自重作用下初始平衡状态下的不平衡力、位移等值线、应力等值线的分布规律，探讨建立的数值模型是否正确、是否切合实际。

最大不平衡力是指在数值计算处理中由系统本身产生的内、外力之差，一般默认当计算模型中的最大不平衡力与典型内力的比小于 10^{-5} 时，计算终止。典型内力是指计算模型中所有的网格点力的平均值。图 8.2-2 是模型在自重作用下位移等值线图（单一岩性）。

图 8.2-3 是模型在自重作用下 Z 方向应力等值线图（单一岩性）。

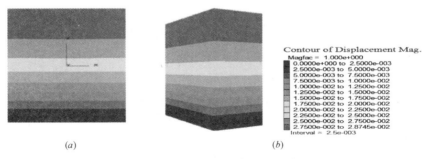

（a）   （b）

图 8.2-2   自重作用下位移等值线图（单一岩性）

（a）平面图；（b）三维图

（2）开挖后仅锚杆锚索支护的应力、位移分析

此处仅关注巷道开挖后的应力和位移的变化规律，而不是开挖过程中的应力和位移变化规律，所以在模型达到初始平衡后要将所有网格节点中的速率和位移全部归零，然后再进行巷道开挖，图 8.2-4 为巷道开挖后模型示意图（单一岩性）。

在巷道开挖后进行锚杆锚索支护，图 8.2-5 为锚杆锚索支护结构图，

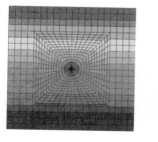 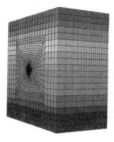 

Block Contour of SZZ Stress
-1.1216e+006 to -1.1000e+006
-1.1000e+006 to -1.0000e+006
-1.0000e+006 to -9.0000e+005
-9.0000e+005 to -8.0000e+005
-8.0000e+005 to -7.0000e+005
-7.0000e+005 to -6.0000e+005
-6.0000e+005 to -5.0000e+005
-5.0000e+005 to -4.0000e+005
-4.0000e+005 to -3.0000e+005
-3.0000e+005 to -2.0000e+005
-2.0000e+005 to -1.0000e+005
-1.0000e+005 to -2.8705e+004
Interval = 1.0e+005

(a) (b)

图 8.2-3 自重作用下 Z 方向应力等值线图（单一岩性）

(a) 平面图；(b) 三维图

图中沿全断面分布的稍短结构是锚杆，长度较长的是锚索。

(a) (b)

图 8.2-4 巷道开挖后模型示意图（单一岩性）

(a) 平面图；(b) 三维图

图 8.2-6 是巷道周边塑性分布图（单一岩性）。从图 8.2-6 中可以看出整个模型呈现"X"形状的剪切破坏，这是由于巷道断面结构的拱顶因其自身强度较低而其四角的压应力较高造成的。此时的拱顶应力为其屈服之后的峰后应力，若此时的应力值仍然大于巷道拱顶的强度，拱顶会发生失稳破坏，锚杆锚索支护不能满足巷道的支护要求，巷道拱顶出现严重破坏，而且巷道两帮的塑性区较大，破坏较严重。

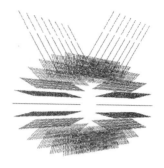

图 8.2-5 锚杆锚索支护结构图

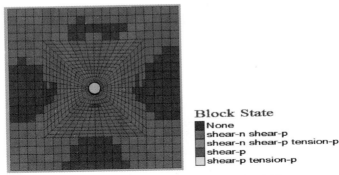

图 8.2-6 巷道周边塑性分布图（单一岩性）

提取巷道周边的应力和位移变形图，进一步分析巷道的破坏变形情况，从图 8.2-7 可以看出：巷道的顶板方向下沉最大值超过 452mm，底

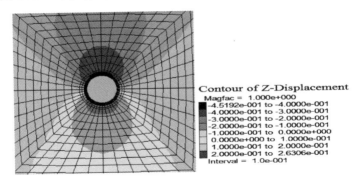

(a) Z方向位移图

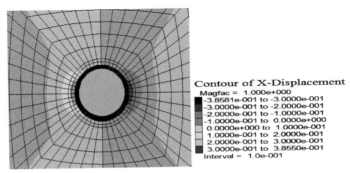

(b) X方向位移图

图 8.2-7 锚杆锚索支护位移分布图（单一岩性）

鼓最大值达到 200mm，巷道顶底板的内缩量达到 652mm，巷道左帮的最大
收缩达到 300mm，右帮的最大收缩达到 386mm，两帮内缩量达到 686mm，
巷道开挖后位移较大容易发生顶板脱落或底鼓现象，因此巷道开挖后仅锚
杆锚索支护不能满足巷道的稳定要求，需要进行二次联合支护加固。

从图 8.2-8 可知，无论是水平应力还是垂直应力都在巷道的两帮处产

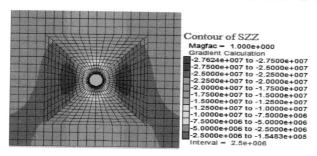

(a) Z方向应力图

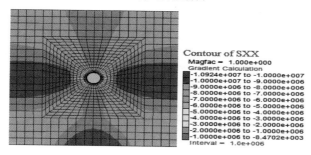

(b) X方向应力图

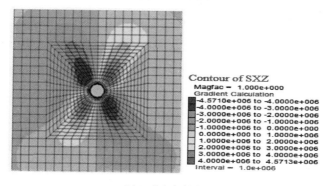

(c) XZ方向应力图

图 8.2-8 锚杆锚索支护围岩应力分布图（单一岩性）

生了应力集中，剪应力在巷道的两肩和两底角都产生了应力集中，随着位移和应力的不断增大，支护结构不能满足要求，支护结构失效，应力逐渐从巷道断面开始由外向内移动，最终整个巷道被破坏。

（3）联合支护后巷道断面周边位移场分析

为了防止巷道断面结构的破坏，维护巷道开挖过程的安全，需要对此结构进行加固。图 8.2-9 为波形钢腹板支架和锚杆锚索喷浆联合支护示意图（单一岩性）。在此支护体系下提取巷道断面周围的塑性发展区、位移及应力变化规律，分析波形钢腹板支架的支护性能。

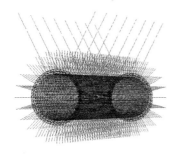

图 8.2-9　波形钢腹板支架和锚杆锚索喷浆联合支护示意图（单一岩性）

从巷道断面周边的塑性发展区（图8.2-10）可以看出：塑性区范围明显减小，巷道原支护形式下塑性区的影响范围在断面周边 7 圈圆形网格内，破坏范围很大，使用波形钢腹板支架支护后塑性区减小到断面周边 1 圈圆形网格内，岩体的塑性区域得到明显的控制，可见波形钢腹板支架支护结构明显提高了支护能力。

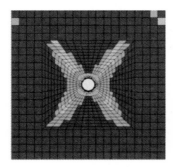

Block State
None
shear-n shear-p
shear-n shear-p tension-p
shear-p

图 8.2-10　巷道周边塑性分布图（单一岩性）

从图 8.2-11 得出，加入波形钢腹板支架结构垂直方向顶板位置的最大位移为 146mm，底鼓最大位移约为 100mm，相对于原结构其位移减小量超过了 400mm，巷道断面左帮的收缩量为 80mm，右帮的收缩量为95mm，总收缩量仅为 175mm，相对于原巷道减少量超过了 500mm，可见波形钢腹板支架结构的支护效果显著。

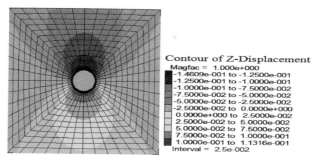

Z 方向位移图

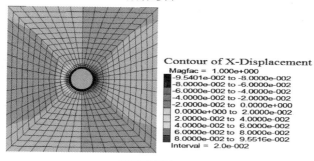

X 方向位移图

图 8.2-11 联合支护后围岩的位移分布图（单一岩性）

（4）波形钢腹板支架内力分析

支架的内力图（单一岩性）如图 8.2-12 所示，支架在 X 方向两帮的受力较大，其他部分分布均匀，在 Z 方向两帮及其附近点轴力较大；从支架的 M_X、M_Z 分布图可知，在两帮处和两帮附近弯矩较大，说明在巷道开挖"开控时"，其周围围岩对巷道两帮部位影响较大，在此部位发生了较大的变形，产生了较大反力。

8.2.3 极软地层围岩与波形钢腹板支架相互作用的数值计算

1. 工程概况

模型原型是位于山东省龙口市中村镇北皂村北皂煤矿海域二采区巷道，所采煤层为本段的底部，厚度为 3.51～8.87m。煤层顶部为灰褐色泥岩、含油泥岩、页岩，具有水平层理，局部夹薄层泥灰岩，含油泥岩上

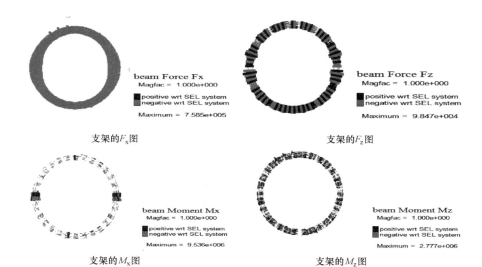

图 8.2-12　支架的内力图（单一岩性）

部渐变过渡为棕褐色页岩，水平层理发育。巷道断面为圆形，直径为5m，巷道围岩强度低，稳定性差，支护方式为锚杆锚索加波形钢腹板支架联合支护。

2. 模型的建立

（1）有限元模型的建立

主要有 4 种岩体对巷道开挖会产生影响，平面模型尺寸选取巷道直径的 3～5 倍，依据工程实际情况，计算模型长×宽×高＝50m×25m×50m。巷道中心与模型中心重合，网格划分时为了使计算更精确，对巷道周边的网格进行了加密，有限元模型图（极软地层围岩）如图 8.2-13 所示。

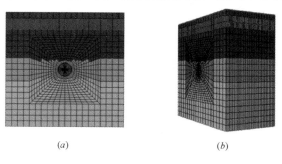

(a)　　　　　　　　　　　　(b)

图 8.2-13　有限元模型图（极软地层围岩）

（a）平面图；（b）三维图

（2）本构关系和边界条件的确定

本构关系采用摩尔-库仑模型，材料的破坏准则符合摩尔-库仑强度准则，采用锚索结构单元，利用 BEAM 单元模拟波形钢腹板支架结构。模型位移边界条件为：侧边限制其水平移动，底部三向固定约束。模型的上部为应力边界，施加的荷载为 8MPa，模拟上覆岩体的自重。

（3）计算参数的取值

岩石力学、锚杆力学、支架截面等参数见表 8.2-4～表 8.2-6。

岩石力学参数取值（极软地层围岩） 表 8.2-4

岩性	变形模量（GPa）	剪切模量（GPa）	摩擦角（°）	黏聚力（MPa）	密度（kg/m³）
含油泥岩	0.9	0.5	22	0.9	2140
页岩	1.5	0.8	28	1	2200
煤	0.48	0.3	18	0.8	1350
泥岩、砂岩	2	0.9	30	2	2320

锚杆力学参数（极软地层围岩） 表 8.2-5

弹性模量（GPa）	横截面面积（m²）	水泥浆外圈周长（m）	单位长度水泥浆刚度（N/m/m）	单位长度水泥浆的黏结力（N/m）	抗拉强度（kN）
206	3.14×10^{-4}	0.549	1.75×10^{7}	2×10^{5}	120

支架截面参数（极软地层围岩） 表 8.2-6

腹板高度（mm）	腹板厚度（mm）	翼缘宽度（mm）	翼缘厚度（mm）
200	3	120	15

3. 计算结果分析

（1）模型开挖前初始平衡的不平衡力、位移、应力分析

图 8.2-14 表示在自重作用下，上部岩层的位移较大，并且随着深度的不断增加，位移逐渐减小，位移等值线的细微差别是由于上下岩层岩性不同造成的，模型中处于同一水平上的所有网格节点位移基本相等，体系最终达到了平衡状态。从图 8.2-15 中可以看出，在自重作用下处于同一水平面上的所有的网格节点 Z 方向的应力都相等，体系最终达到了平衡状态。

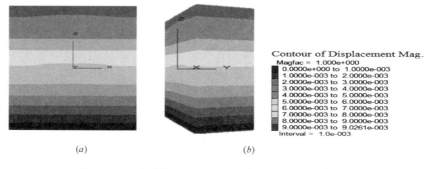

图 8.2-14   自重作用下位移等值线图（极软地层围岩）

（a）平面图；（b）三维图

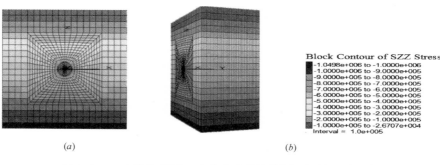

图 8.2-15   自重作用下 Z 方向应力等值线图（极软地层围岩）

（a）平面图；（b）三维图

（2）开挖后仅锚杆锚索支护的应力位移分析

将模型网格节点中的初始速率和位移全部清零，分析巷道开挖后的应力和位移的变化规律，图 8.2-16 为巷道开挖后模型示意图（极软地层围岩）。

巷道开挖完成后，通过巷道周边的位移、应力变化规律分析巷道周边关键部位如顶底板、两帮的位移缩进量和应力变化情况，进而分析锚杆锚索支护能否维持结构的稳定。

图 8.2-17 为开挖后巷道周边塑性分布图（极软地层围岩），巷道周边两帮 10m 内都发生了剪切破坏。这是由于巷道两帮围岩强度低，应力发生重分布后，应力值大于巷道两帮围岩强度，破坏不断向外扩展，破坏范围增大，造成巷道两帮的塑性区较大，破坏较严重。

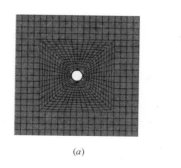 

(a)　　　　　　　　　　　　(b)

图 8.2-16　巷道开挖后模型示意图（极软地层围岩）
(a) 平面图；(b) 三维图

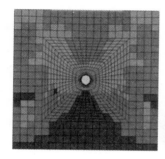

图 8.2-17　巷道周边塑性分布图（极软地层围岩）

　　从巷道周边的位移分布图可以看出（图 8.2-18），巷道的顶板结构下沉最大值约为 660mm，底鼓的最大值达到 100mm，顶底板的缩进量约为 760mm；巷道左帮的最大收缩约为 700mm，右帮最大收缩约为 600mm，两侧的内缩量达到 1300mm，破坏严重。从巷道的断面形状也可以看出，巷道断面的破坏以水平破坏为主，断面发生了严重变形，巷道已经不能自稳且不满足使用要求，需要进行联合支护加固。

　　从巷道周边的应力场分布可知（图 8.2-19），巷道的两帮产生了应力集中效应，而剪应力在巷道的两肩和两底也产生了应力集中，若围岩的位移和应力不断增大，应力值大于其本身的强度，围岩会发生塑性破坏，强度降低，不能抵抗外界应力，应力逐渐从巷道断面开始由外向内转移，最终使整个巷道结构发生破坏。

为了防止巷道断面结构的破坏，提高围岩的承载能力，维持围岩稳定，保证巷道开挖过程的安全，需要对此结构进行加固。采用波形钢腹板支架和锚杆锚索喷浆联合支护，示意图见图 8.2-20。

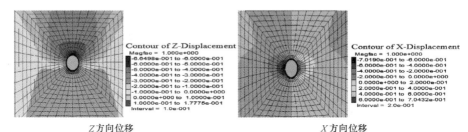

Z方向位移   X方向位移

图 8.2-18   锚杆锚索支护位移分布图（极软地层围岩）

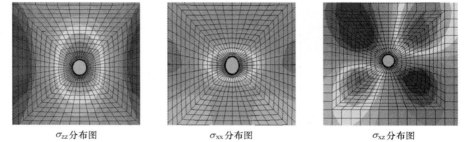

σ_{zz}分布图 σ_{xx}分布图 σ_{xz}分布图

图 8.2-19   锚杆锚索支护围岩应力分布图（极软地层围岩）

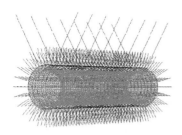

图 8.2-20   波形钢腹板支架和锚杆锚索喷浆联合支护示意图（极软地层围岩）

（3）联合支护后围岩位移场分析

从图 8.2-21 能够看出：巷道断面周边 X 方向的位移从断面的两帮向外扩散，右帮位移值较大，最大值约为 222mm，左帮的最大位移约为 200mm，两帮的收缩量基本相等。波形钢腹板支护改善了两帮收缩不均匀，两帮的总缩进量约为 422mm，相对于开挖时的位移减少了约 900mm，波形钢腹板支架起到了明显的约束作用，限制了围岩位移的变形。Z 方向的位移分布图以拱顶和拱底两处为对称点呈对称分布，拱顶最大位移约为 247mm，拱底的最大位移仅有 50mm，拱顶的最大位移明显高于拱底的最大位移。支护时应重点考虑，防止其发生坍落。断面在垂直方向的缩进量约为300mm，波形钢腹板支架起到了明显的约束作用。

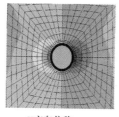
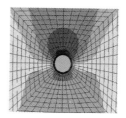

X 方向位移　　　　　　　　　　　　　Z 方向位移

图 8.2-21　联合支护后围岩的位移分布图（极软地层围岩）

（4）联合支护后围岩应力场分析

水平方向应力在巷道断面两帮两侧处呈对称分布，拱顶产生了小部分应力集中，此处容易发生剪切破坏，是施工时的薄弱部位，应该加强支护。巷道的垂直方向应力主要沿着拱顶和和拱底呈对称分布，受力较对称；X、Z 方向的剪应力在巷道断面周边的两拱肩和两拱脚处呈反对称分布，并产生了应力集中，容易造成剪切破坏，施工过程中要加强支护（图 8.2-22）。

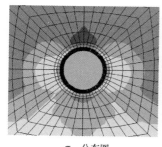
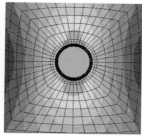
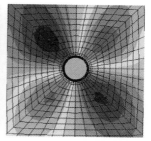

σ_{xx} 分布图　　　　　　　　σ_{zz} 分布图　　　　　　　　τ_{xz} 分布图

图 8.2-22　联合支护后围岩的应力分布图（极软地层围岩）

（5）支架的受力分析

提取支架的内力图（图 8.2-23）（极软地层围岩）分析可知，支架在 X 方向整体受力均匀，两帮处轴力最大，支架在两拱肩和两帮处弯矩较大，说明巷道开挖在这四处发生了较大的变形，产生了较大反力。

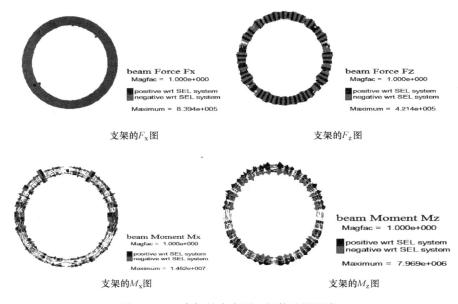

beam Force Fx
Magfac = 1.000e+000
■ positive wrt SEL system
■ negative wrt SEL system

Maximum = 8.394e+005

支架的F_x图

beam Force Fz
Magfac = 1.000e+000
■ positive wrt SEL system
■ negative wrt SEL system

Maximum = 4.214e+005

支架的F_z图

beam Moment Mx
Magfac = 1.000e+000
■ positive wrt SEL system
■ negative wrt SEL system

Maximum = 1.452e+007

支架的M_x图

beam Moment Mz
Magfac = 1.000e+000
■ positive wrt SEL system
■ negative wrt SEL system

Maximum = 7.969e+006

支架的M_z图

图 8.2-23　支架的内力图（极软地层围岩）

8.2.4　高应力围岩与波形钢腹板支架相互作用的数值计算

1. 工程概况

巷道原型为河南省陈四楼煤矿，埋深为－430m。该巷道有断层穿过，周边围岩多为较软的破碎岩石，巷道周边受构造应力的影响较大。煤矿周边地质条件差，受力复杂，周围岩性差，自承载能力低，支护困难。之前也采用过很多支护方式，但巷道后期都因变形较大、维护困难等原因发生严重破坏。

原型巷道断面形式为直墙半圆拱结构，拱形部分直径为2.4m，直墙腿部长度为1.5m。锚杆支护采用注浆锚杆，长度为2m，直径为25.4m，壁后填充层厚度为0.4m。

2. 模型建立

（1）有限元模型的建立

根据原型巷道工况的实际条件，确定有限元的几何模型尺寸：长度为

50m，高度为 50m，宽度为 25m，巷道有限元模型图（高应力围岩）如图 8.2-24 所示。

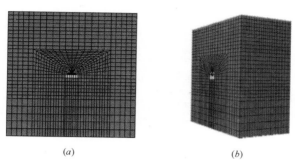

(a)　　　　　　　　　　　(b)

图 8.2-24　有限元模型图（高应力围岩）

（a）平面图；（b）三维图

（2）本构关系和边界条件的确定

巷道周边的岩体材料按照均质弹塑性的基本假定考虑，其本构关系采用摩尔-库仑屈服准则，锚杆锚索采用锚索结构单元，采用 BEAM 单元模拟波形钢腹板支架结构。模型的位移边界条件为：左右两边仅限制其宽度方向的水平移动；底部对宽度、高度、长度方向都限制移动，为三边固定约束；上边界不进行约束，为自由边界。应力边界条件为：自重应力为 8MPa，构造应力为 6MPa，施加于模型上边界。

（3）计算参数的取值

岩石、锚杆及波形钢支架等参数见表 8.2-7～表 8.2-9。

3. 计算结果分析

（1）模型开挖前初始平衡的不平衡力、位移、应力分析

从计算结果看，模型在自重作用下和加入构造应力之后最大不平衡力慢慢地趋近于 0，这说明两种受力条件下模型结构达到了平衡状态。

岩石力学参数值（高应力围岩）　表 8.2-7

岩性	变形模量（GPa）	剪切模量（GPa）	摩擦角（°）	黏聚力（MPa）	密度（kg/m³）	抗拉强度（MPa）
砂质泥岩	2.3	1.5	24	0.4	2100	—
铝质泥岩	2.5	1.7	26	0.6	2200	—
泥岩	3.0	2.0	30	1.4	2300	0.4
粉砂岩	2.3	1.5	32	1.2	2120	0.6

锚杆力学参数（高应力围岩）　　　　表8.2-8

弹性模量（GPa）	横截面面积（m²）	水泥浆外圈周长（m）	单位长度水泥浆刚度（N/m/m）	单位长度水泥浆的黏结力（N/m）	抗拉强度（kN）
206	3.14×10^{-4}	0.549	1.75×10^{7}	2×10^{5}	120

支架截面参数（高应力围岩）　　　　表8.2-9

腹板高度(mm)	腹板厚度(mm)	翼缘宽度(mm)	翼缘厚度(mm)
240	3	120	13

从图 8.2-25 和图 8.2-26 中可以看出，同一水平面的网格节点位移基本相等，体系最终达到了平衡状态。

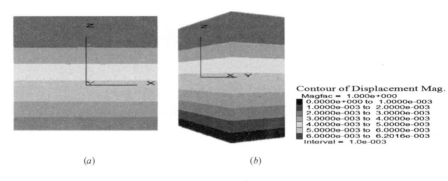

图 8.2-25　自重作用下位移等值线图（高应力围岩）

（a）平面图；（b）三维图

图 8.2-27 和图 8.2-28 显示在自重作用下和构造应力作用下体系最终达到了平衡状态。

（2）开挖后仅锚杆锚索支护的应力、位移分析

巷道开挖后，先将加载重力、构造应力得到的所有网格节点中的初始速率和位移全部清零，分析巷道开挖后仅在锚杆锚索支护下的应力和位移的变化规律，图 8.2-29 为巷道开挖后模型示意图（高应力围岩）。

图 8.2-30 为开挖后巷道周边塑性分布图（高应力围岩）。巷道断面左右两帮和拱顶塑性区的范围比较大，并在拱肩向上延伸发生剪切破坏。两帮会发生严重失稳，拱顶坍落，破坏向外扩展，造成巷道两侧和拱顶的塑性区范围较大，破坏较严重。

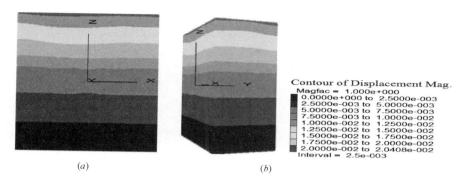

图 8.2-26　构造应力下位移等值线图（高应力围岩）

（*a*）平面图；（*b*）三维图

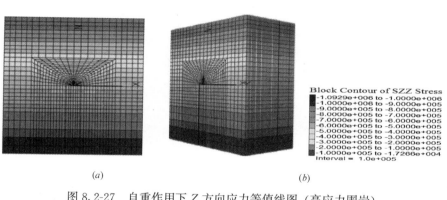

图 8.2-27　自重作用下 *Z* 方向应力等值线图（高应力围岩）

（*a*）平面图；（*b*）三维图

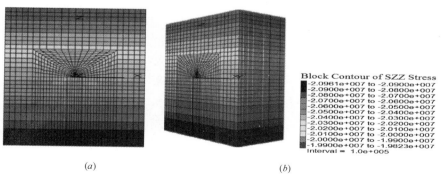

图 8.2-28　构造应力作用下 *Z* 方向应力等值线图（高应力围岩）

（*a*）平面图；（*b*）三维图

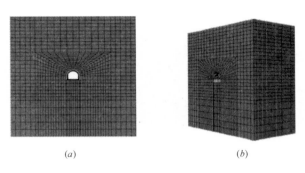

图 8.2-29 巷道开挖后模型示意图（高应力围岩）

（a）平面图；（b）三维图

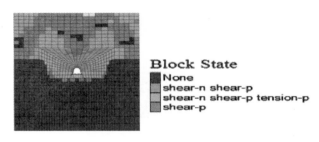

图 8.2-30 巷道周边塑性分布图（高应力围岩）

从图 8.2-31 中能够看出，仅锚杆锚索支护巷道拱顶下沉最大值约为 720mm，拱底变形最大值约为 200mm，顶、底板两侧的缩进量将近 920mm。巷道断面变形严重，直墙部分发生了倾斜，拱底有隆起。X 方向的位移显示，巷道左帮的最大位移为 800mm，右帮的最大位移为 820mm，两帮的内缩量达到 1620mm，两帮变形破坏严重，巷道已经失稳且不满足使用要求，需要进行联合支护加固。

如图 8.2-32 所示，巷道断面周边应力呈对称分布，两帮应力较大，逐渐向外扩散，剪应力在巷道的两肩和两底角呈反对称分布并产生了应力集中。随着位移和应力的不断增大，应力值超过了围岩自身的强度，围岩会发生塑性破坏，使其强度降低，不能自稳，不能抵抗外界应力，应力逐渐从巷道断面开始由外向内移动，最终造成巷道的破坏。

（3）联合支护下围岩位移场分析

从图 8.2-33 和图 8.2-34 可以看出，X 方向位移以断面的两帮向外扩散，最大位移发生在半圆拱和直墙拱交接处，右侧拱腰值较大，最大值约

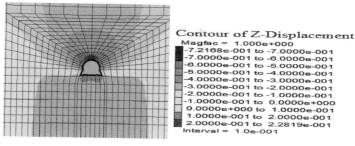

Z 方向位移

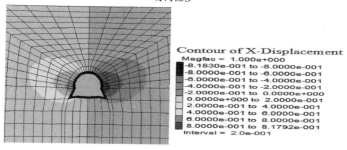

X 方向位移

图 8.2-31　锚杆锚索支护位移分布图（高应力围岩）

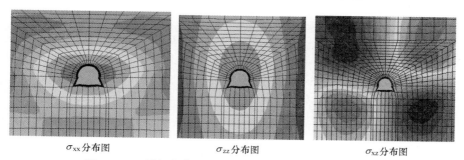

σxx分布图　　　　　σzz分布图　　　　　σxz分布图

图 8.2-32　锚杆锚索支护围岩应力分布图（高应力围岩）

为 349mm；左侧拱腰处的最大收缩位移约为 300mm，两侧的收缩量基本相等，两侧的总缩进量为 649mm，相对于仅锚杆锚索支护下的位移减少了约 970mm。拱顶位移影响范围明显大于拱底位移影响范围，拱顶产生了沉降，顶部最大下沉位移约为 365mm。拱底发生了鼓起，但拱底的最大上鼓位移仅有 100mm，断面在垂直方向的缩进量约为 465mm，与仅锚杆锚索支护下的位移减小了 455mm。联合支护起到了显著的约束作用，限制了围岩的位移，改变了巷道周边的约束条件。

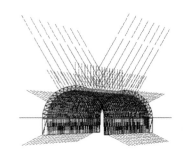

图 8.2-33　波形钢腹板支架联合锚杆锚索喷
浆和支护示意图（高应力围岩）

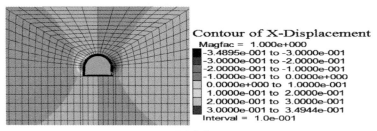

X 方向位移

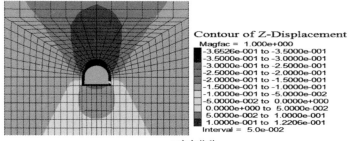

Z 方向位移

图 8.2-34　联合支护后围岩的位移分布图（高应力围岩）

（4）联合支护下围岩应力场分析

从图 8.2-35 中看出，水平方向应力在巷道断面两帮处呈对称分布，在两帮与直墙连接处产生了较大应力。垂直应力主要沿着拱顶和拱底呈基本对称分布，受力大小基本一致，拱顶的影响范围大于拱底。X、Z 方向的剪应力在巷道断面周边的两拱肩和两拱脚处呈反对称分布，并产生了应力集中，容易造成剪切破坏，施工过程中要加强支护。

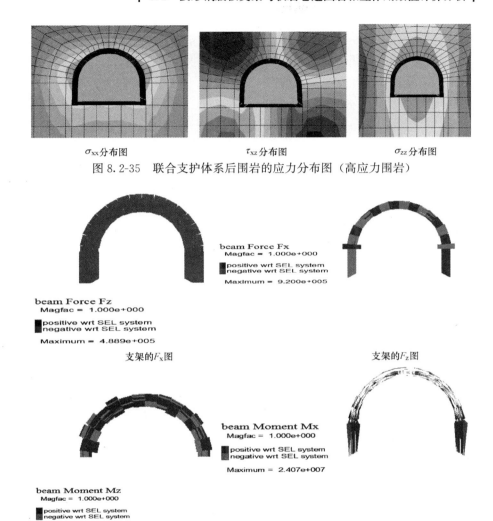

σ_xx 分布图   τ_xz 分布图   σ_zz 分布图

图 8.2-35　联合支护体系后围岩的应力分布图（高应力围岩）

图 8.2-36　支架的内力图（高应力围岩）

（5）支架的受力分析

从支架的内力图（高应力围岩）图 8.2-36 可知：支架在 X 方向受力较均匀，且在两结构的交点处轴力最大。Z 方向的受力较大的点主要分布在直墙拱结构和半圆拱结构的底部，支架的半圆拱结构主要承受 X 方向弯矩且受力均匀，直墙部分主要承受 Z 方向弯矩。

8.3 波形钢腹板支架与围岩相互作用关系分析

8.3.1 单一岩性下波形钢腹板支架受力分析

利用 ANSYS 有限元软件，参照 8.2.2 中的波形钢腹板支架的截面尺寸建立有限元模型。提取巷道开挖之后，支架支护之前，围岩自身释放部分压力、收敛约束后，断面各点的应力，将其反作用于波形钢腹板支架上。对支架进行静力分析，主要分析在不考虑围岩和支架的相互作用以及围岩的应力重分布的情况下，围岩的反力完全由支架承担时支架的承载力。圆形断面巷道力学模型和有限元模型图如图 8.3-1 所示。

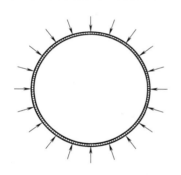

提取有限元模型中巷道开挖后断面上各节点的主要应力值（图 8.3-2），利用材料力学中任一点的主应力可转化成任意角度的应力，将断面各节点的应力转化成径向应力反作用在支架上。分析在不考虑支护与围岩的相互作用以及此过程中围岩发生应力重分布时支架的基本受力特性，并将分析结果与实际开挖中波形钢腹板支架的受力进行对比，探讨波形钢腹板支架的

图 8.3-1 圆形断面巷道力学模型和有限元模型图

使用效果。

图 8.3-3 为圆形断面波形钢腹板支架有限元模型图（单一岩性），支架截面尺寸与 8.2.2 中尺寸完全相同，将巷道开挖后的围岩压力施加在有限元模型上，分析波形钢腹板支架的受力与变形。

通过有限元分析，支架的主要受力图（单一岩性）如图 8.3-4 所示。

从支架的弯矩图中可以看出：不考虑围岩与波形钢腹板支架的相互作用时，支架的最大正弯矩主要集中在支架的左侧，最大负弯矩发生在支架的右侧和底部。不考虑围岩与波形腹板支架的相互作用情况下，支架的最大轴力发生在支架的右侧和右底角，而支架的受力较均匀。

图 8.3-2 巷道断面周边
节点示意图（单一岩性）

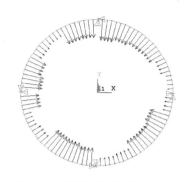

图 8.3-3 圆形断面波形钢腹板支
架有限元模型图（单一岩性）

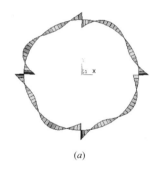

(a)

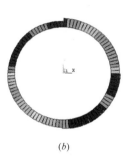

(b)

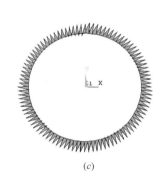

(c)

图 8.3-4 支架的主要受力图（单一岩性）
（a）弯矩图；（b）轴力图；（c）剪力图

综合考虑 8.2 和 8.3 中同种工况考虑相互作用和不考虑相互作用两种
情况下的弯矩图可以看出：不考虑围岩和支架相互作用的情况下，支架的
薄弱点主要集中在支架左右两侧和底部，而考虑围岩与支架相互作用后支
架的薄弱点主要发生在支架的顶部和底部，这说明在围岩和支架相互作用
情况下，围岩的应力重分布改变了支架的受力，使支架的薄弱点发生了变
化。从两种情况下支架的轴力图可以看出：不考虑相互作用下支架的轴力
最大点接近支架右侧和底部，而支架的右上半部分受力明显较小，支架的
受力不均匀；而考虑围岩和支架的相互作用下，支架的轴力最大点对称分
布在支架的两侧，支架受力整体对称均匀。

提取两种情况下支架的弯矩值和轴力值最不利点及其对应数值如表
8.3-1 所示。

波形钢腹板支架的主要受力点及其数值　　　　　表 8.3-1

项目	受力最大点位置	相互作用下内力最大值	无相互作用下内力最大值
弯矩	拱顶	9.5kN·m	15.2kN·m
轴力	两帮	758kN	842kN

对比发现，不考虑围岩和支架的相互作用下支架的最大弯矩为 15.2kN·m，而考虑围岩和支架的相互作用下支架的最大弯矩仅为 9.5kN·m。考虑围岩和支架的相互作用时，围岩能够分担很多压力，使支架分担的弯矩减小。而对比轴力发现：不考虑围岩和支架的相互作用下，支架的最大轴力为 842kN，而考虑围岩和支架的相互作用情况下，支架的最大轴力为 758kN，支架承担的轴力同样减小。

8.3.2　极软地层下波形钢腹板支架受力分析

参照 8.2.3 中复杂工况下的波形钢腹板支架截面尺寸建立有限元模型，提取巷道开挖之后断面各点的应力，断面节点示意如图 8.3-5 所示，将其转化成径向力反作用于波形钢腹板支架上，对支架进行静力分析。探讨复杂工况下不考虑围岩和支架的相互作用以及此过程中围岩对支架的影响，围岩的反力完全由支架承担时支架的受力性能。

采用有限元软件建立圆形断面波形钢腹板支架的有限元模型，截面尺寸与 8.2.3 中采用的尺寸完全相同，支架的主要受力图（极软地层）如图 8.3-6 所示。

通过有限元分析，支架的主要受力图（极软地层）如图 8.3-7 所示。

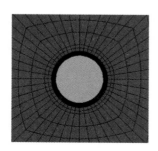 

图 8.3-5　巷道断面周边节点示意图（极软地层）　　图 8.3-6　圆形断面波形钢腹板支架有限元模型图（极软地层）

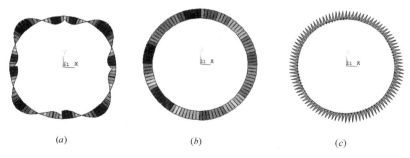

(a)   *(b)*   *(c)*

图 8.3-7 支架的主要受力图（极软地层）

（*a*）弯矩图；（*b*）轴力图；（*c*）剪力图

从支架的弯矩图可以看出：最大正弯矩发生在支架的顶部、底部和两侧，最大负弯矩主要发生在支架的两肩和两底角，支架受力较对称。与单一岩性下支架的弯矩图对比可以看出：极软地层下支架的薄弱点更多，局部破坏更严重。从支架的轴力图中可以看出：支架的最大轴力发生在支架的顶部和左侧，且支架的受力不均匀；从支架的剪力图中可以看出：支架的剪力受力较均匀。

综合考虑 8.2 和 8.3 中同种工况考虑相互作用和不考虑相互作用两种情况下的弯矩图可以看出：不考虑围岩和支架相互作用的情况下，支架的顶部、底部、两侧、两肩、两底角弯矩都很大，支架整体受力都较大。而考虑围岩与支架相互作用后支架的薄弱点主要发生在支架的两肩和两侧，围岩和支架的相互作用情况下，围岩的应力重新分布使支架的整体受力发生了变化，改变了其局部破坏点。从两种情况下支架的轴力图可以看出：不考虑相互作用下支架的轴力最大点发生在支架接近顶部和左侧的位置。从轴力分布颜色中可以看出支架的受力不均匀，而考虑围岩和支架的相互作用时支架的轴力最大点对称分布在支架的两侧，支架受力整体对称均匀。

提取两种情况下支架的弯矩值和轴力值最不利点及其对应数值如表 8.3-2 所示。

波形钢腹板支架的主要受力点及其数值（极软地层）   表 8.3-2

项目	受力最大点位置	相互作用下内力最大值	无相互作用下内力最大值
弯矩	两帮	14.5kN·m	21.3kN·m
轴力	两帮	839kN	913kN

对比发现，不考虑围岩和支架的相互作用下支架的最大弯矩为
21.3kN·m，而考虑围岩和支架的相互作用下支架的最大弯矩仅为
14.5kN·m；不考虑围岩和支架的相互作用下，支架的最大轴力为
913kN；而考虑围岩和支架的相互作用情况下，支架的最大轴力为
839kN，支架承载力较单一岩性下增加很多。可见，工况越软弱复杂，巷
道周边围岩压力越大，支架受力也较前面单一岩性的大。

8.3.3 高地应力下波形钢腹板支架受力分析

参照 8.2.4 中的高应力地层工况下的波形钢腹板支架的截面尺寸建立
有限元模型，提取巷道开挖后波形钢腹板支架之前的洞室周边各点的受
力，断面节点示意图见图 8.3-8 和图 8.3-9。

将围岩压力转化成径向力反作用于波形钢腹板支架上，对支架进行静
力分析。探讨此工况下不考虑围岩和支架的相互作用以及此过程中围岩发
生应力重新分布对支架的影响，围岩的反力完全由支架承担时，支架的受
力性能。

通过有限元分析，支架的主要受力图（高地应力）如图 8.3-10 所示。

从支架的弯矩图可以看出：最大正弯矩发生在支架的顶部和左肩，最
大负弯矩主要发生在圆形拱和直墙拱的交界处，圆形拱结构受力不均匀，
支架受力不对称，而支架的两直墙受力较对称；从支架的轴力图中可以看
出：圆形拱结构的轴力较大且整体受力较均匀，仅左肩受力较小，两直墙
拱结构受力对称且受力较小；从支架的剪力图中可以看出，支架的剪力受
力较均匀。

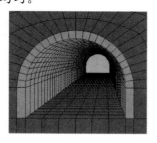

图 8.3-8 巷道断面周边
节点示意图（高地应力）

图 8.3-9 实际围压作用下波形钢腹板
支架有限元模型图（高地应力）

综合考虑 8.2 和 8.3 中同种工况下考虑相互作用和不考虑相互作用时

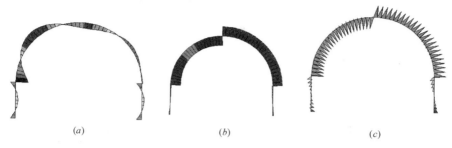

图 8.3-10 支架的主要受力图（高地应力）
（a）弯矩图；（b）轴力图；（c）剪力图

的弯矩图对比可以看出，不考虑围岩和支架相互作用的情况下，支架的圆形拱和直墙拱的交界处的弯矩最大，最容易发生破坏，而围岩与支架相互作用后支架的薄弱点也是发生在圆形拱和直墙拱的交界处，两种情况下最容易发生局部破坏的点相同，说明圆形拱和直墙拱的交界处是施工过程要考虑的重点。从是否考虑相互作用两种情况下支架的轴力图可以看出，不考虑相互作用时整个支架圆形拱结构承受的轴力都比较大，且受力较均匀，两直墙结构中的轴力相对较小；而考虑围岩和支架的相互作用下，支架的轴力最大点发生在圆形拱和直墙拱的交界处，支架受力整体对称均匀。

提取两种情况下支架的弯矩值和轴力值最不利点及其对应数值如表8.3-3 所示。

波形钢腹板支架的主要受力点及其数值 表 8.3-3

项目	受力最大点位置	相互作用下内力最大值	无相互作用下内力最大值
弯矩	圆形拱和直墙拱交界处	24(kN · m)	29.5(kN · m)
轴力	圆形拱和直墙拱交界处	920(kN)	1015(kN)

提取两种情况下支架的弯矩数值对比发现，不考虑围岩和支架的相互作用下支架的最大弯矩为 29.5kN · m，而考虑围岩和支架的相互作用下支架的最大弯矩仅为 24kN · m。两种情况下支架的最大轴力情况为：不考虑围岩和支架的相互作用下，支架的最大轴力为 1015kN；考虑围岩和支架的相互作用下，支架的最大轴力为 920kN。可见，巷道周边若有构造应力的影响，巷道周边受力更为复杂，围岩压力更大，对支架的承载能

力要求更高。

综上所述，在传统的结构力学计算方法中，支架被作为一个刚性结构分析，围岩的压力完全由支架承担，围岩压力不均匀地施加在支架上，支架发生不对称变形且变形较大。而地层结构模型中支架与围岩是一体的，是刚柔结合结构，两者之间相互作用更有利于支架的受力和变形，使支架受力相对均匀，两者还存在能量交换，可以使两者达到一个稳定状态。

8.3.4 波形钢腹板支架影响参数分析

1. 巷道埋深对波形钢腹板支架受力性能的影响

我国是煤炭储量大国，煤炭开采正向深部发展，但是深部围岩表现出明显的软岩特性，位移变形明显增加，顶板容易发生下沉、坍塌，底板发生底鼓，两帮位移收缩明显增大，两肩和两脚容易产生剪切破坏，对支护结构的要求也越来越高。为了使波形钢腹板支架的应用更加广泛，下面分析不同的开采深度下支架的承载性能。

分析模型采用8.2.3节中的圆形巷道结构，模型建立与参数取值参照8.2.3节中的参数，唯一区别在于原岩应力的取值。根据目前煤矿开采的深度和巷道的埋深，取原岩应力为 $P_0 = 8.0\text{MPa}$、$P_0 = 10.0\text{MPa}$、$P_0 = 12.0\text{MPa}$、$P_0 = 14.0\text{MPa}$、$P_0 = 16.0\text{MPa}$、$P_0 = 18.0\text{MPa}$、$P_0 = 20.0\text{MPa}$，模拟巷道不同埋深对波形钢腹板支架受力性能的影响。

图8.3-11为波形钢腹板支架在不同的巷道埋深情况下主要的轴力变化曲线图。横坐标表示巷道埋深的原岩应力，纵坐标表示相应的各方向受力的变化，开始时巷道埋深较浅，围岩的自承载能力较强，支护结构所受围岩压力较小，支护结构的支护能力较强，所以支架的受力变化较小，支架的受力基本上是随着巷道埋深的不断加深呈线性增长。

图8.3-12为波形钢腹板支架在不同的巷道埋深情况下主要的弯矩变化曲线图。横坐标表示巷道埋深的原岩应力，纵坐标表示相应的各方向弯矩的变化，从图中可以看出开始时巷道埋深较浅，围岩的自承载能力较强，弯矩变化较小，随着巷道埋深的不断增加，支架所受弯矩也不断增加，Z 方向即垂直方向的弯矩最大，X 方向的弯矩增加幅度最大，在 Y 方向弯矩最后出现了下降，可能是巷道埋深过大，支架出现了局部破坏。

综上所述，巷道埋深较浅时，围岩的自承载能力较强，所需支护力较小，随着巷道埋深的不断增加，原岩应力不断增大，围岩自身抵抗变形的

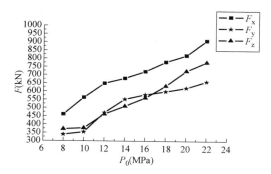

图 8.3-11   波形钢腹板支架在不同的巷道
埋深情况下主要的轴力变化曲线图

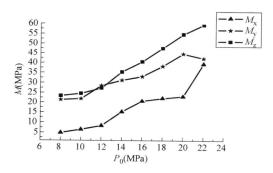

图 8.3-12   波形钢腹板支架在不同的巷道埋
深情况下主要的弯矩变化曲线图

能力越弱，需要外界的抗力越来越大，因此支架承受的应力越来越大，支架的轴力和弯矩也越来越大。

2. 围岩对波形钢腹板支架受力性能的影响

在煤矿开采中，对开挖巷道所处岩层的选择是至关重要的一步。若巷道处在周边全是岩性极差或岩层不稳定的岩层中，巷道极不稳定，支护方式也无从选择，严重威胁着工人的生命安全，本节选取了矿业工程中几种常见的巷道所处岩层，分析巷道处于这几种情况下，波形钢腹板支架的支护效果，探讨其是否具有广泛适用性。

本节参照 8.2.2 中的圆形巷道结构分析模型，有限元模型的尺寸和支护结构参数的选择与 8.2.2 中的参数相同，唯一区别在于巷道所处的岩层的力学性质不同。取巷道所处岩层为泥岩、砂岩、铝质泥岩、含油泥岩、页岩，5 种岩层的力学参数如表 8.3-4 所示。

5 种岩层的力学参数   表 8.3-4

序号	岩层名称	变形模量 （GPa）	剪切模量 （GPa）	摩擦角 （°）	黏聚力 （MPa）	抗拉强度 （GPa）
1	泥岩	3	22	30	1	4
2	砂岩	23	15	32	1	6
3	铝质泥岩	2	9	30	2	—
4	含油泥岩	9	5	22	9	—
5	页岩	6	3	22	9	—

分别建立 5 种岩层下有限元模型并进行开挖支护分析，提取波形钢腹板支架结构的受力值，并将 5 种岩层下对应支架受力结果汇总成图 8.3-13和图 8.3-14。

从图 8.3-13 中可以看出，岩性越软，支护结构所受外力的最大值呈增长的趋势。说明岩性越软，围岩的自承载能力就越弱，围岩的位移变形越大，需要的支护抗力就越大，支护所受的外力就越大，但是曲线中也出现了个别下降的情况。

图 8.3-14 表示随着围岩弹性模量变弱，支架的最大弯矩呈增加趋势。从曲线中每段的变化可以看出，支架的受力没有明显的规律特征，说明支架所受围压差异较大，弹性模量并不能决定围岩的岩性特征，但是弹性模量越小，支架的弯矩最大值呈增大趋势，说明弹性模量是决定围岩岩性的一个重要参数。

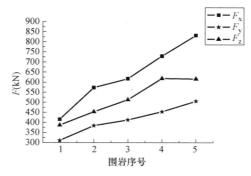

图 8.3-13 波形钢腹板支架的反力与围岩岩层的关系

综上所述，从提取 5 种岩层波形钢腹板支架的受力看出：随着弹性模量的不断减弱，支架的受力最大值总体呈不断增加的趋势，但是曲线中也

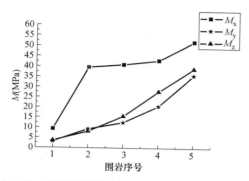

图 8.3-14 波形钢腹板支架的弯矩与围岩岩层的关系

出现了个别下降点，可能因为围岩的力学性质由弹性模量、泊松比、黏结力、内摩擦角等多种因素共同决定，而图形中的横坐标只是表示弹性模量的递减，这只是一个重要参数，但不是唯一因素。

3. 腹板高度对波形钢腹板支架受力性能的影响

以 8.2.3 中巷道模型的支架的截面尺寸为基础分析，依次取腹板高度为 150mm、200mm、250mm、300mm、350mm、400mm、450mm，研究随着腹板高度的增加，巷道的顶板、底板、两帮主要部位位移的变化情况，提取其主要数据并将其绘制成图。

图 8.3-15 中横坐标表示腹板高度的变化，纵坐标表示巷道断面节点的最大位移变化。从图中可以看出，巷道右帮的最大变形位移大于左帮的最大变形位移，水平方向巷道断面的最大位移变化不均匀。随着腹板高度的不断增加，巷道断面节点的左帮最大位移和右帮最大位移都在降低，而

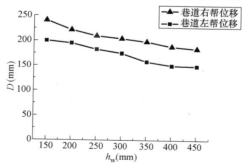

图 8.3-15 巷道两帮位移与
腹板高度的关系

229

下降幅度逐渐减缓。可能是围岩的变形已经接近了它最大的收敛变形，腹板高度的增加对巷道断面位移的变化影响较小，或腹板高度增加幅度较小对波形钢腹板支架的整体承载能力影响较小。

图 8.3-16 为巷道顶部和底部与腹板高度变化关系。从图 8.3-16 中可以看出：巷道断面节点中顶部的最大位移远大于底部的最大位移，巷道断面垂直方向受力极不对称。随着腹板高度的不断增加，巷道断面节点中顶板的最大位移和底部的最大位移不断减小且其下降的幅度逐渐减缓。

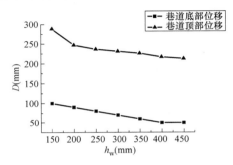

图 8.3-16   巷道顶部和底部与腹板高度的关系

综上所述，增加波形钢腹板支架的腹板高度可以提高支架的承载力，减小巷道断面节点的最大位移。但是最大位移并不是无限减小的，随着腹板高度的不断增加，最大位移不断减小且其下降的幅度逐渐减缓。

9 波形钢腹板支架可缩性节点轴压与压弯试验研究

基于对波形钢腹板工形构件金属支架整体稳定承载性能方面的研究，本章提出两种适用于软岩支护的波形钢腹板可缩性节点构造，包括螺栓连接的可缩性节点和套筒楔子连接的可缩性节点，共设计了 7 个可缩性节点试验构件，通过试验研究、理论分析，测试了节点连接方式的可行性和软岩变形的适应性。

9.1 可缩性节点轴压试验

分别设计了高强度螺栓连接的可缩性节点和楔形摩擦件连接的套筒可缩性节点两种模型试件，对两种不同形式可缩性节点的连接性能进行了轴压试验。其中，螺栓连接节点设计了 1 个半侧可缩性轴压试验，2 个两侧可缩性轴压试验；套筒连接节点设计了 1 个可缩性轴压试验。通过试验研究可缩性节点在保持一定承载力下，能否适应围岩大变形，满足软岩支护需要，并获得波形钢腹板构件截面应变分布规律和可缩性能。

9.1.1 可缩性节点方案

螺栓连接的可缩性节点见图 9.1-1。支架节点端部翼缘板稍短于腹板，腹板分别焊接于端板上，端板之间用螺栓连接；相邻上下翼缘通过螺栓分别与有开孔的盖板连接，盖板的开孔具有一定的长度，以适应轴向变形。此节点具有一定的可缩性，能满足软岩大变形的要求，对拼接施工工艺要求较高。

套筒连接的可缩性节点如图 9.1-2 所示。支架节点处两侧离开一定距离，用方形套管将两部分套入连接，在翼缘处套筒上打入楔形件。受力时两侧构件依靠摩擦力克服荷载，同时套筒也有一定的抗弯承载力，若外荷载超过节点摩擦力便开始滑动。

9.1.2 支架节点可缩量的确定

软岩初期来压快，变形量大，支架需适应软岩的大变形。围岩的变形量一般在 200mm 以上，现有的 U 形可缩性支架的可缩量为 200～500mm，可根据现有 U 形可缩性支架或工程经验确定支架的可缩量。

基于文献[1]中巷道支架尺寸为原型推算可缩量。根据工程经验将巷道断面尺寸整体外扩 100mm（图 9.1-3），确定马蹄形断面支架的节点可缩量，结果见表 9.1-1。由表中数据可知，暂定可缩性节点的总体可缩量为 160mm。

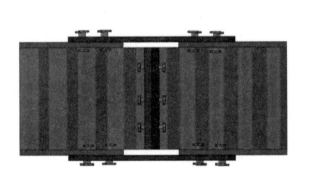

图 9.1-1 螺栓连接的可缩性节点

图 9.1-2 套筒连接的可缩性节点

马蹄形断面支架的节点可缩量 表 9.1-1

位置	原长度(mm)	扩后长度(mm)	增长(mm)
上部	18849.56	19163.72	314.16
端部	1372.73	1382.54	9.81
角部	1491.50	1615.79	124.29
底部	10112.58	10158.55	45.97

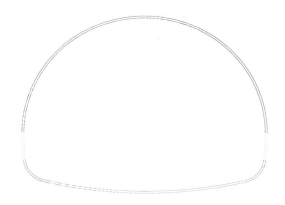

图 9.1-3　巷道断面尺寸整体外扩

9.1.3　轴心受压试验设计

轴压试验中包括半侧可缩试验和两侧可缩试验，共计 3 个试件。为测试螺栓连接形式是否可行设计了半侧可缩试验，试件编号为 BZY-1；在此基础上进一步改善螺栓连接的设计，进行的两侧可缩试验，试件编号为ZY-1、ZY-2。

1. 螺栓连接可缩性节点试件设计

以现有的整体马蹄形支架结构开展的相关研究和厂家提供的波形钢腹板参数为依据，进行节点构件的设计。

（1）参数

根据 9.1.2 节的可缩量计算方法，节点设计中以可缩 160mm 进行设计和计算。试件 BZY-1 为半侧可缩，试件的伸缩量为 80mm。试件 ZY-1和试件 ZY-2 为两侧可缩，试件伸缩量为 160mm，每侧可缩 80mm。试件BZY-1 腹板高度 $h_w = 340mm$，腹板厚度 $t_w = 3mm$，翼缘宽度 $b_f = 200mm$，翼缘厚度 $t_f = 3mm$，盖板厚度为 12mm。试件 ZY-1 和试件 ZY-2 尺寸相同，腹板高度 $h_w = 400mm$，腹板厚度 $t_w = 3mm$，翼缘宽度 $b_f = 200mm$，翼缘厚度 $t_f = 12mm$。

（2）整体支架内力计算

建立整体支架模型，提取整体失稳时荷载；建立相应线单元模型，分析支架整体失稳荷载时支架的轴力大小。支架的轴力图如图 9.1-4 所示。

各连接节点的轴力大小见表9.1-2，螺栓被剪断前不能超过整体支架失稳时的内力。

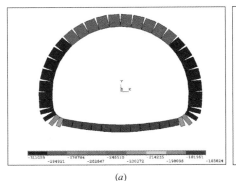 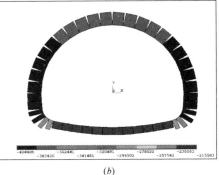

(*a*)　　　　　　　　　　　　　　　　(*b*)

图 9.1-4　轴力图

(*a*) 半侧可缩构件；(*b*) 两侧可缩构件

轴力大小　　　　　　　　　　　　　　　　表 9.1-2

节点号	1	2	3	4	5	6
半侧可缩构件荷载(kN)	302.0	292.0	305.5	302.7	165.8	271.1
两侧可缩构件荷载(kN)	392.7	379.7	397.3	393.6	215.6	352.5

试件 BZY-1 的螺栓选用 10.9 级 M16 螺栓，总长为 994mm，最高处高度为 388mm，宽度为 200mm，试件如图 9.1-5 所示。试件 ZY-1 的螺栓选用 8.8 级 M16 螺栓；试件 ZY-2 的螺栓选用 8.8 级 M20 螺栓。总长为 1964mm，截面高度为 400mm，宽度为 200mm，试件如图 9.1-6 所示。

其中，设计新试件时根据试件 BZY-1 改进参数设计。加载板与盖板之间距离加长到 430mm，加劲肋个数由 3 个减为 1 个，腹板突出长度由 200mm 减到 160mm，翼缘与加劲肋的距离由 80mm 增加到 100mm，盖板厚度由 12mm 增厚到 18mm。

（3）节点承载力计算

根据《钢结构设计标准》GB 50017—2017[2]，计算螺栓的摩擦及抗剪承载力。试件钢材均为 Q345，试件 BZY-1、试件 ZY-1 和试件 ZY-2 螺栓分别采用高强度螺栓 10.9 级 M16、8.8 级 M16、8.8 级 M20。试件 BZY-1 连接处构件接触面采用钢丝刷清除浮锈或未经处理的干净轧制表面，试件 ZY 连接处构件接触面采用喷砂（丸）后涂无机富锌漆，摩擦面

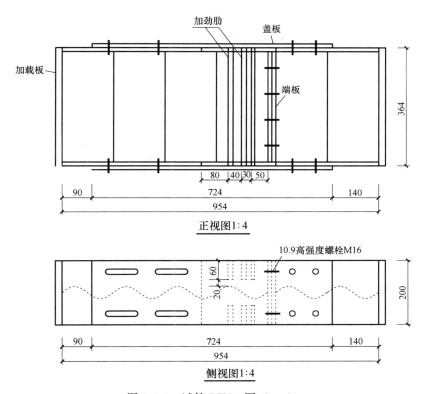

图 9.1-5 试件 BZY-1 图（mm）

的抗滑移系数均为 $\mu=0.35$，单侧螺栓为 8 个螺栓。

由文献 [2] 得到，传力摩擦面数 $n_f=1$，受剪面数 $n_v=1$。

① 螺栓计算

试件 BZY-1：

采用 10.9 级 M16 高强度螺栓，高强度螺栓预应力 $P=100$（kN）。

单个螺栓滑动时力为：

$$N_f=0.9n_f\mu P=0.9\times1\times0.35\times100=31.5(kN) \quad (9.1\text{-}1)$$

单个螺栓抗剪承载力：

$$N_v^b=n_v\frac{\pi d^2}{4}f_v^b=1\times\frac{3.14\times16^2}{4}\times310\div1000\approx62.3(kN) \quad (9.1\text{-}2)$$

$$N_c^b=d\sum tf_c^b=16\times12\times590\div1000=113.28(kN) \quad (9.1\text{-}3)$$

取单个抗剪承载力 $N_v=62.3$（kN）。

节点承受摩擦力：

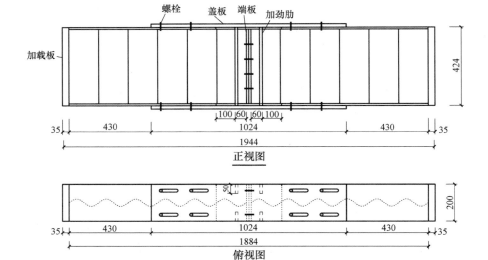

图 9.1-6　试件 BZY-2 图（mm）

$$F_f = nN_f = 8 \times 31.5 = 252(\text{kN}) \tag{9.1-4}$$

即当外力超过 F_f 时螺栓可滑动。

节点承受剪力：

$$N = nN_v = 8 \times 62.3 = 498.4(\text{kN}) \tag{9.1-5}$$

试件整体的截面承载力大小为：

$$2fb_f t_f = 2 \times 310 \times 200 \times 12 \div 1000 = 1488(\text{kN}) \tag{9.1-6}$$

试件 ZY-1：

采用 8.8 级 M16 高强度螺栓，高强度螺栓预应力 $P = 80$（kN）。

单个螺栓滑动时力为：

$$N_f = 0.9 n_f \mu P = 0.9 \times 1 \times 0.35 \times 80 = 25.2(\text{kN}) \tag{9.1-7}$$

单个抗剪承载力：

$$N_v^b = n_v \frac{\pi d^2}{4} f_v^b = 1 \times \frac{3.14 \times 16^2}{4} \times 250 \div 1000 = 50.24(\text{kN}) \tag{9.1-8}$$

$$N_c^b = d \sum t f_c^b = 16 \times 12 \times 590 \div 1000 = 113.28(\text{kN}) \tag{9.1-9}$$

取单个抗剪承载力 $N_v = 50.24$（kN）。

节点承受摩擦力：
$$F_f = nN_f = 8 \times 25.2 = 201.6(kN) \tag{9.1-10}$$
即当外力超过 F_f 时螺栓可滑动。

节点承受的剪力：
$$N = nN_v = 8 \times 50.24 = 401.92(kN) \tag{9.1-11}$$

试件 ZY-2：

采用 8.8 级 M20 高强度螺栓，高强度螺栓预应力 $P = 125$（kN）。

单个螺栓滑动时力为：
$$N_f = 0.9n_f\mu P = 0.9 \times 1 \times 0.35 \times 125 = 39.375(kN) \tag{9.1-12}$$

$$N_v^b = n_v \frac{\pi d^2}{4} f_v^b = 1 \times \frac{3.14 \times 20^2}{4} \times 250 \div 1000 = 78.5(kN) \tag{9.1-13}$$

$$N_c^b = d\sum t f_c^b = 16 \times 12 \times 590 \div 1000 = 113.28(kN) \tag{9.1-14}$$

取单个抗剪承载力 $N_v = 78.5$（kN）。

节点承受摩擦力：
$$F_f = nN_f = 8 \times 39.375 = 315(kN) \tag{9.1-15}$$
即当外力超过 F_f 时螺栓可滑动。

节点整体承受剪力：
$$N = nN_v = 8 \times 78.5 = 628(kN) \tag{9.1-16}$$

② 节点计算

试件 BZY-1：

节点绕弱轴较容易失稳，其长细比为[3]：
$$\lambda_y = l/\sqrt{I_y/A_y} = 954/57.8 \approx 16.5 \tag{9.1-17}$$

稳定系数为 0.966，

稳定承载力为[3]：
$$2fb_f t_f\varphi = 2 \times 310 \times 200 \times 12 \times 0.966 \div 1000 \approx 1437.4(kN) \tag{9.1-18}$$

试件 ZY-1：

节点的截面承载力大小为：
$$2fb_f t_f = 2 \times 310 \times 200 \times 12 \div 1000 = 1488(kN) \tag{9.1-19}$$

节点绕弱轴较容易失稳，其长细比为[3]：
$$\lambda_y = l/\sqrt{I_y/A_y} = 1884/57.8 \approx 32.6 \tag{9.1-20}$$

稳定系数为 0.8864。

稳定承载力为[3]：

$$2fb_{f}t_{f}\varphi=2\times310\times200\times12\times0.8864\div1000\approx1318.9(\text{kN}) \quad (9.1\text{-}21)$$

为防止构件加载过程中局部破坏，以及结合半侧可缩试验结果，在试件端部焊接 35mm 厚的加载板。

试件 ZY-2：

节点的截面承载力大小为：

$$2fb_{f}t_{f}=2\times310\times200\times12\div1000=1488(\text{kN}) \quad (9.1\text{-}22)$$

节点绕弱轴较容易失稳，其长细比为[3]：

$$\lambda_{y}=l/\sqrt{I_{y}/A_{y}}=1884/57.8\approx32.6 \quad (9.1\text{-}23)$$

稳定系数为 0.8864。

稳定承载力为[3]：

$$2fb_{f}t_{f}\varphi=2\times310\times200\times12\times0.8864\div1000\approx1318.9(\text{kN}) \quad (9.1\text{-}24)$$

（4）判断

从上可知：试件 BZY-1 在螺栓被剪断之前不会达到截面承载力，且不会发生整体支架的平面内失稳。试件 ZY 在螺栓被剪断之前不会达到截面承载力，且不会发生面外失稳。

为防止构件加载过程中局部破坏，在试件 BZY-1 端部焊接 20mm 厚的加载板；在试件 ZY 端部焊接 35mm 厚的加载板。

2. 套筒连接可缩性节点试件设计

以现有的整体马蹄形支架结构和厂家提供的波形钢腹板参数为依据，进行摩擦节点构件的设计。同样以工程经验为依据，确定每个节点可缩量 160mm 进行设计。试件腹板高度 $h_{w}=400\text{mm}$，腹板厚度 $t_{w}=3\text{mm}$，翼缘宽度 $b_{f}=200\text{mm}$，翼缘厚度 $t_{f}=12\text{mm}$，套筒厚度为 18mm，支架整体内力同试件 ZY。

试件 MC 示意图如图 9.1-7 所示。试件依靠楔子与试件之间的摩擦力承受外荷载，当外荷载超过摩擦力时试件可缩。为防止在构件加载过程中局部被破坏，以及结合半侧可缩试验结果，在试件端部焊接 35mm 加载板防止局部被破坏。

节点的截面承载力大小为：

$$2fb_{f}t_{f}=2\times310\times200\times12\div1000=1488(\text{kN}) \quad (9.1\text{-}25)$$

绕弱轴较容易失稳，其长细比为：

$$\lambda_{y}=l/\sqrt{I_{y}/A_{y}}=624/57.8\approx10.8 \quad (9.1\text{-}26)$$

稳定系数为 0.99。

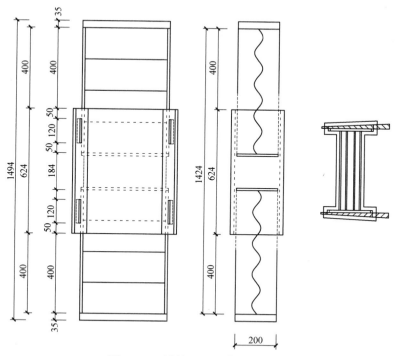

图 9.1-7　试件 MC 尺寸图（mm）

稳定承载力为：

$$2fb_ft_f\varphi=2\times310\times200\times12\times0.99\div1000\approx1473.1(\text{kN})\quad(9.1\text{-}27)$$

可知，节点破坏前不会达到支架整体失稳时的内力。

3. 材料性能

（1）材性试验尺寸

轴压试验试件中钢材均选用 Q345 钢。为测试钢材性能，进行金属拉伸试验，根据相关标准进行材性试验试样的设计，每种厚度钢板各加工 3 块材性试样。具体尺寸如图 9.1-8 所示，材性试验尺寸如表 9.1-3 所示。

材性试验尺寸　　　　　　　　　　表 9.1-3

位置	宽度 (mm)	厚度 A_0(mm)	截面面积 F_0(mm²)	标距长度 L_0(mm)	平行长度 L_P(mm)	试件总长 L(mm)
翼缘	30	12	360	105	120	270
腹板	15	3	45	40	50	220

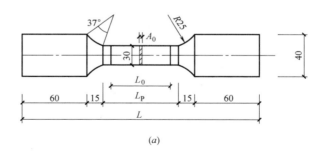

(a)

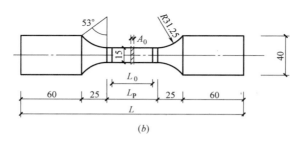

(b)

图 9.1-8　材性试验尺寸（mm）

（a）翼缘；（b）腹板

（2）材性试验结果

这批试验所用钢材为 Q345 钢材，各个试件的材性试验结果见表 9.1-4
和表 9.1-5。

翼缘材性试验结果 表 9.1-4

试件名称	编号	试样宽度 （mm）	试样厚度 （mm）	原始标距 （mm）	断后标距 （mm）	屈服强度 （MPa）	抗拉强度 （MPa）	断后伸长率 （%）
BZY-1	1	30	12	105	134.5	345	520	约 28.10
	2	30	12	105	133	345	520	约 26.67
	3	30	12	105	134.5	345	520	约 28.10
ZY	1	30	12	105	135	350	525	约 28.57
	2	30	12	105	134	345	525	约 27.62
	3	30	12	105	134	335	520	约 27.62
MC	1	30	12	105	136	405	525	约 29.52
	2	30	12	105	136	390	520	约 29.52
	3	30	12	105	136	400	525	约 29.52

腹板材性试验结果　　　　　　　　　　　　表 9.1-5

试件名称	编号	试样宽度（mm）	试样厚度（mm）	原始标距（mm）	断后标距（mm）	屈服强度（MPa）	抗拉强度（MPa）	断后伸长率（％）
BZY-1	1	15	3	40	50	530	580	约25.00
	2	15	3	40	52.5	575	590	约31.30
	3	15	3	40	52.5	450	575	约31.30
ZY	1	15	3	40	49.5	445	600	约23.80
	2	15	3	40	51.5	430	585	约28.80
	3	15	3	40	52	455	580	约30.00
MC	1	15	3	40	51	460	590	约27.50
	2	15	3	40	51	460	600	约27.50
	3	15	3	40	49.5	450	600	约23.80

9.1.4　半侧可缩试件轴压试验

1. 加载方案

半侧可缩性试件 BZY-1 竖直放置，对试件直接施加轴向压力，加载装置为 2000kN 压力试验机，活塞最大行程为 200mm，满足试验中试件最大变形的要求，轴压试件长度均为 994mm，加载设备净空满足要求。安装中将试件对中进行试验。在轴压试验中，未加载前试件与加载端之间留置 20～30mm 空间，以便进行荷载控制，试件 BZY-1 加载图如图 9.1-9 所示。试件端部焊接了 20mm 厚的钢板，且加载中加载点的位置设置了垫块，保证加载均匀，以防止加载区域的局部破坏。

加载设备为手动控制，当达到目标值时停止加载。加载中每 50kN 为一级，每级荷载的持续加载时间为 1～2min，让试件充分变形，观察试件受力情况，加载到 252kN 后，停止加载，观察螺栓滑动情况，螺栓停止滑动后继续加载至 311kN，观察螺栓滑动情况，最后加载至 480kN。

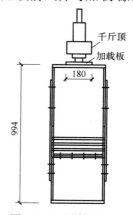

图 9.1-9　试件 BZY-1
加载图（mm）

2. 测点布置

试件 BZY-1 应变片布置图如图 9.1-10 所示，共有 18 个应变片，在加载过程中仪器记录各应变片的应变。其中 S10、S11、S14、S15 号应变片在螺栓附近，当螺栓滑动时，其所在位置截面轴力突变，由 0 突变至 $P/2$（P 为加载力的大小），当其突变时则表明螺栓开始滑动。

位移传感器布置了 3 排，共 5 个位移传感器，编号如图 9.1-10 所示，位移传感器 D1～D4 处需在翼缘粘贴测试钢板，以便测量位移。在加载过程中仪器记录各位移，重点观察 3、4 号位移传感器的位移量，一旦位移传感器开始有读数时，表明螺栓开始滑动。

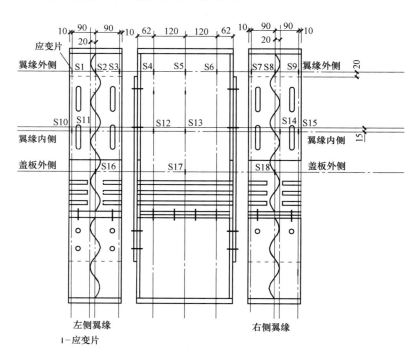

图 9.1-10　试件 BZY-1 应变片布置图（mm）

试件 BZY-1 安装后的试验加载装置如图 9.1-11 和图 9.1-12 所示。在试验加载过程中力、应变和位移等试验数据均采用 TDS530 采集。

3. 试验现象、结果及分析

（1）试验现象

半侧可缩试件 BZY-1 在试验过程中，当荷载加载到 104kN 时，试件

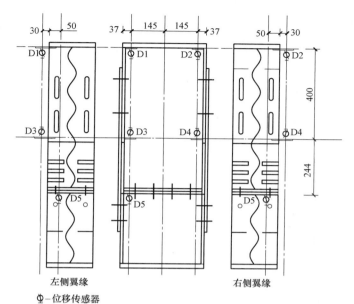

图 9.1-11　试件 BZY-1 位移传感器布置图（mm）

图 9.1-12　试件 BZY-1 加载装置

出现响声，停止加载，1 号和 2 号位移传感器出现数据，表明试件有了弹性变形，但螺栓还未开始滑动；当加载到 168kN 时，试件左侧螺栓开始滑动，有了明显位移，而相应的应变片的读数也出现突变；由于加载仪器设备为手动操作，控制时仪器反应较慢，未及时停止加载，当荷载达到 175kN 时试件右侧螺栓开始滑动，如图 9.1-13（a）所示。螺栓滑动过程较快，位移传感器读数增加迅速，持续加载直到 200kN 时，螺栓滑动到

243

椭圆形螺栓孔的另一侧，停止加载，记录数据，如图 9.1-13（b）所示。当数据稳定后，观察螺栓并未被剪断，继续加载至 250kN 时，试件又出

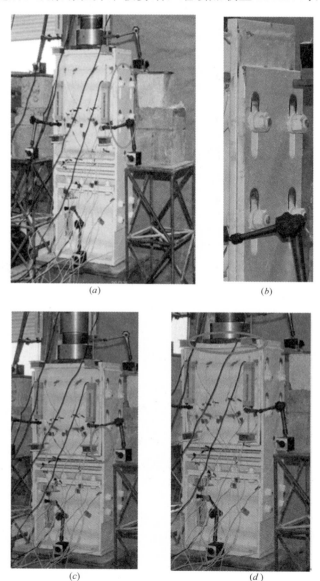

图 9.1-13　试件 BZY-1 试验现象

（a）螺栓开始滑动；（b）螺栓快速滑动；（c）翼缘与盖板分离；（d）加载板开始压弯

现响声，此时右侧翼缘与连接盖板分离，如图9.1-13（c）所示。当外荷载加到376kN时，由于加载板变形越来越大出现了卸载的情况，至400kN时加载板变形很大，不能继续加载，左侧盖板与翼缘也开始分离，至此开始卸载。

（2）结果及分析

① 截面应变分布

提取轴压试件BZY-1螺栓未滑动前，50kN时应变片S1～S9的数据，应变分布图，如图9.1-14所示。

翼缘应变大小应为：

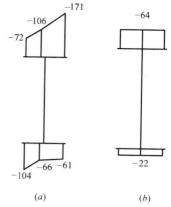

图9.1-14 试件BZY-1应变
分布图（$\mu\varepsilon$）

（a）翼缘；（b）盖板

$$N/(2b_f t_f E)=50/2/200/12/2.06\times10^4\approx52\mu\varepsilon \qquad (9.1-28)$$

从应变分布图中可看出，在波形钢腹板轴压试验中，仅翼缘承受轴力，腹板不承受轴力，当波形钢腹板轴压时仅考虑翼缘的贡献，忽略腹板的贡献，与现有的分析研究一致。现有文献中，轴压试验波形钢腹板构件的上下翼缘应力分布是均匀的，即翼缘均匀受力，而由于此次试验前期准

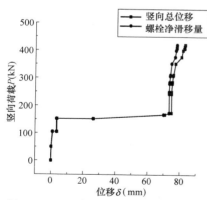

图9.1-15 试件BZY-1荷载-位移曲线

备中，千斤顶对中时可能存在物理偏心，另外加载中螺栓开始滑动的时刻不一致，导致构件歪斜偏斜，构件处于双向偏心状态，使得左右两侧翼缘的应变分布不均匀。

② 荷载-位移曲线

试件BZY-1荷载-位移曲线如图9.1-15所示。由图9.1-15可知，外力未达到螺栓摩擦力时，螺栓未滑动，试件可缩量几乎为零，其位移为试件的弹性变形。当外力荷载超过8个螺栓所能承受的摩擦力时，

螺栓开始滑动，且滑动过程较快；当螺栓滑动至椭圆形螺栓孔另一侧时，停止滑动，试件依靠螺栓杆承受剪力抵抗外力荷载。由于试件设计等诸多

问题，螺栓的最终滑移量未达到 80mm，但试件可缩，证明此试验方法是可行的。

③ 试验存在的问题

在理论计算中，当外力荷载达到 252kN 时，螺栓才开始滑动；但在实际试验中螺栓均滑动过早，未达到理论计算值；经和厂家联系，加工中螺栓拧力达到设计要求，应为运输过程中颠簸使得螺栓拧力减小，从而导致螺栓的摩擦力下降，直接影响到试验的效果。这也是设计及实际应用中要特别注意的问题，在后续试验中应在试件运送到目的地后再对螺栓施加预应力。

试验中，荷载传感器对中时存在问题，导致试件加载时存在双向偏心，从而使左右螺栓滑动不一致，外荷载达到 168kN 时，左侧螺栓滑动，外荷载达到 175kN 时，右侧螺栓滑动。加载控制不好，不能及时停止加载，造成螺栓滑动过快，外荷载到 200kN 左右时，螺栓滑动到底。

翼缘与腹板突出部分的加劲肋预留空间为 80mm，正好为螺栓孔长度，但厂家焊接使得两者之间存在焊缝，预留空间不足 80mm，从而导致加劲肋与翼缘接触后螺栓还未滑至螺栓孔另一侧，盖板与翼缘分离，后续试验需要进一步改进。

9.1.5　两侧可缩试件试验

1. 加载方案

试件竖直放置，加载装置为 3000kN 压力试验机，千斤顶设置在底部，上部为横梁，可以避免构件自重的影响。千斤顶活塞最大行程为 250mm，满足试验中试件最大变形的要求。轴压试件长度均为 1954mm，加载设备净空满足要求。安装中将底部小车推出，试件对中放置于小车上，然后推进小车，进行试验。轴压试验中，未加载前试件与横梁之间留置 20～30mm 空间，以便进行荷载控制。试件 ZY 加载图如图 9.1-16 所示。试件端部焊接了 35mm 厚的钢板，且加载中横梁及小车刚度较大，保证加载均匀，防止加载区域的局部破坏。

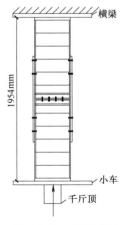

图 9.1-16　试件 ZY 加载图

闭环控制能较准确地稳定在目标值，荷载变化不大，故试验中采用闭环控制。闭环控制分为试验力控制以及位移控制螺栓未滑动前采用闭环控制中的试验力控制，加载中每 50kN 为一级，每级荷载的持续加载时间为 1～2min，让试件充分变形，观察试件受力情况，加载到 201.6kN 后，停止加载观察螺栓滑动情况，螺栓停止滑动后切换到位移控制，继续加载观察螺栓滑动情况，最后加载至 400kN，观察螺栓滑动情况以及滑移量。

2. 测点布置

试件 ZY 应变片布置图如图 9.1-17 所示，共有 18 个应变片。S1～S4、S9～S12 号应变片在螺栓附近，当螺栓滑动时，其所在位置截面轴力可能突变，由 0 突变至 $P/2$（P 为加载力的大小），由 $P/2$ 突变为 0，突变即表示螺栓开始滑动。

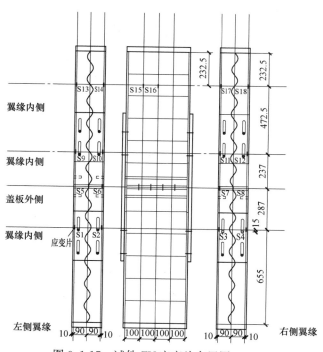

图 9.1-17　试件 ZY 应变片布置图（mm）

试件 ZY 位移传感器布置了两排，共 4 个位移传感器，编号如图 9.1-18 所示，位移传感器处均需在侧翼缘粘贴测试钢板，以便测量位移。加载过程中仪器记录各位移，重点观察 D3、D4 号位移传感器的位移量。加载设备底部位移明显增大、荷载突然减小时 D3 和 D4 号位移传感器开始有位移，表明螺栓开始滑动。试件 ZY-1 和试件 ZY-2 加载装置如图 9.1-19 所示。

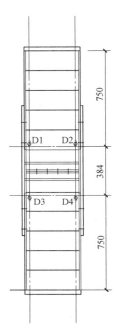

图 9.1-18　试件 ZY 位移传感器
布置图（mm）

图 9.1-19　试件 ZY-1 和试件 ZY-2 加载装置

3. 试验现象、结果及分析

（1）试验现象

①试件 ZY-1

螺栓滑动理论值为 201.6kN，荷载较小时无明显现象，底部位移随荷载基本呈线性增加，亦无声响。

闭环控制采用力控制，外荷载从 0kN 到 180kN 时，荷载-位移曲线基本为线性。继续加载到 183.2kN 时，出现"蹭、蹭"响声，荷载突然减小，位移增加较快，停止加载；经观察左侧下部螺栓和右侧上部螺栓与盖板之间出现较小松动划痕，螺栓已开始滑动，另两对螺栓无滑动，如图 9.1-20（a）所示。

螺栓滑动后改用位移进行加载控制，且加载过程中持续的有"蹭、蹭"响声,为螺栓滑动摩擦所致。当位移为 30mm 时,如图 9.1-20(b)可以看出中间端板以及加劲肋倾斜(由于腹板压缩所致);当位移增大到 70mm 时中间加劲肋倾斜明显,如图 9.1-20(c)所示。

(a)

(b)

(c)

(d)

图 9.1-20　试件 ZY-1 加载过程图

荷载为 214.5kN,位移达到 77.59mm 时,荷载突然减小,左上螺栓和右下螺栓开始滑动,观察 S9、S10 应变片数据,其应变数逐渐变小,表明螺栓滑过所贴应变片位置,此时加劲肋倾斜现象减缓,全部螺栓一起滑动,伴有"蹭、蹭"声响。

位移为 114mm 时,左上螺栓和右上螺栓分别与螺栓孔另一侧接触,此时加劲肋不倾斜,腹板突出部分严重变形,如图 9.1-20(d)所示。此时左下与右下螺栓滑动,试件可缩变形,加载中一直存在声响。当位移达到 160mm 时,剩余螺栓即将滑到顶部;当位移为 177.18mm 时,荷载上

249

升较快，螺栓与螺栓孔边缘已接触，栓杆开始受剪。位移为 180mm 时，荷载最大为 543kN，停止加载，并进行卸载。

② 试件 ZY-2

螺栓滑动理论值为 315kN，荷载较小时无明显现象，底部位移随荷载基本呈线性增加，亦无声响。

闭环控制采用力控制，外荷载达到 400kN 时，荷载-位移曲线基本为线性。荷载为 340kN 时听到响声，螺栓无滑动及划痕，当荷载达到 315kN 时又有响声，螺栓无滑动，响声应为螺栓松动产生。加载到 419.5kN 时，出现"蹭、蹭"响声，荷载卸载，位移增加较快，停止加载，观察左侧下前部螺栓和右侧下后部螺栓与盖板之间出现较小松动划痕，螺栓开始滑动，另外两对螺栓无滑动现象，如图 9.1-21（a）所示。

螺栓滑动后改用位移进行加载控制，位移增加、荷载增加，且加载过程中持续有"蹭、蹭"响声。当位移为 16mm 时，左下后螺栓也开始滑动，随着加载，左下螺栓均匀上滑。当位移为 20.8mm 时，突然出现一声较明显响声，右下前螺栓开始滑动，如图 9.1-21（b）所示。当位移增大到 30.22mm 时，中间端板向后鼓，突出明显，如图 9.1-21（c）所示，且下部螺栓均匀滑动，有持续响声。中间端板连接两侧部分刚度较弱，易发生面外的局部失稳。

荷载持续增加，左下螺栓滑动，试件弯曲。位移继续加载到 66mm 时，试件出现明显的弯曲，加劲肋开始倾斜，如图 9.1-21（d）所示。当总位移为 73mm 时，左侧上部螺栓开始滑动，S10 号应变片应变逐渐变小，此时螺栓滑过应变片位置，而右上螺栓不滑动，造成试件上下滑移量不一致，导致试件开始偏心。

荷载继续增加，左上螺栓滑动量较大，其余螺栓滑动量较小，试件偏心逐渐严重。位移为 73.1mm 时，弯曲严重，位移传感器脱开。位移加载到 80mm 时，经观察右侧下部螺栓不滑动，右侧的变形为盖板的变形。位移为 89.17mm 时，弯曲变形严重，位移传感器全部脱开。

继续加载，荷载持续上升，左上螺栓滑动。位移为 100mm 时，因腹板突出部分变形严重，导致腹板的挤压变形严重，如图 9.1-21（e）所示，此时左上部螺栓快速滑动到螺栓孔的另一侧。位移为 115mm 时，左上侧螺栓已经不能继续滑动，左下和右上侧螺栓开始滑动，S11 号应变逐渐减小，螺栓滑动过该应变片所在位置，试件继续弯曲变形。当位移为 130mm 时，试件变形过于严重，故停止加载。试件左右螺栓滑移位置如

图 9.1-21（*f*）所示。

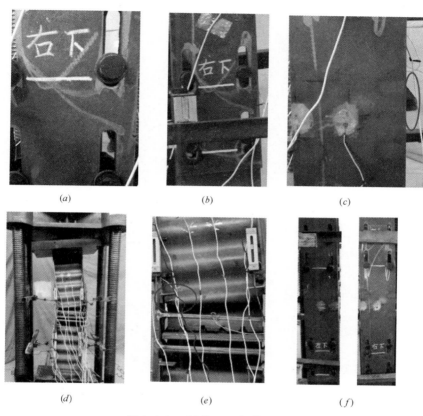

     （*a*）   （*b*）   （*c*）

     （*d*）   （*e*）   （*f*）

图 9.1-21　试件 ZY2 加载过程图

（2）结果及分析

① 截面应力分布

绘制试件腹板和翼缘轴压时的应变分布图，如图 9.1-22 所示；绘制盖板应变分布图，如图 9.1-23 所示。

试件 ZY-1 翼缘应变大小理论值分别为：

$$N/(2b_f t_f E)=1000000/2/200/12/2.06=101\mu\varepsilon \qquad (9.1\text{-}29)$$

$$N/(2b_f t_f E)=1800000/2/200/12/2.06=182\mu\varepsilon \qquad (9.1\text{-}30)$$

试件 ZY-2 翼缘应变大小理论值分别为：

$$N/(2b_f t_f E)=2000000/2/200/12/2.06=202\mu\varepsilon \qquad (9.1\text{-}31)$$

$$N/(2b_f t_f E)=4000000/2/200/12/2.06=404\mu\varepsilon \qquad (9.1\text{-}32)$$

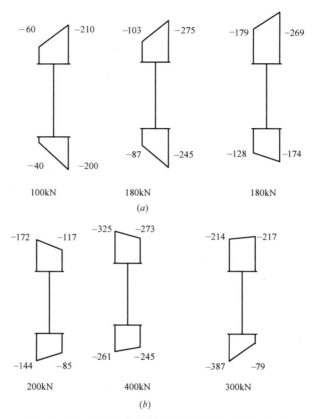

图 9.1-22 腹板和翼缘轴压时的应变分布图（$\mu\varepsilon$）
（a）试件 ZY-1；（b）试件 ZY-2

$$N/(2b_f t_f E)＝3000000/2/200/12/2.06＝303\mu\varepsilon \qquad (9.1\text{-}33)$$

从上述应变发展变化可看出，波形钢腹板轴压时，仅翼缘承受轴力，腹板不承受轴力，即可认为当波形钢腹板轴压时仅考虑翼缘的贡献，忽略腹板的贡献，这与已有文献研究结论一致。

现有文献中，轴压时波形钢腹板构件的上下翼缘应力分布是均匀的，即翼缘均匀受力。而由于此次试验中试件 ZY-1 制作时加工不标准（如图 9.1-24）导致试件本身存在偏心，且加载设备物理对中也存在偏差，使试件加载时也存在偏心，故为双向偏心，使得在螺栓未滑动前左右两侧翼缘的应变分布不均匀，故与理论计算值有一定偏差。而试件 ZY-2 螺栓滑动后应变片被拉伸或蹭坏，使得其数据与理论值偏差较大。

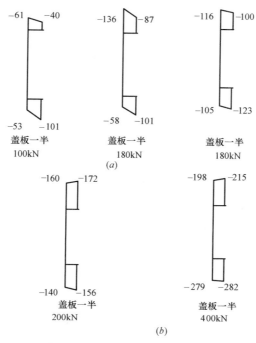

图 9.1-23　盖板应变分布图（με）

（a）试件 ZY-1；（b）试件 ZY-2

图 9.1-24　试件 ZY-1
安装图

从图 9.1-23 中可以看出，试件 ZY-1 螺栓滑动后，应变分布较均匀且与理论值接近，这是由于螺栓滑动后，试件本身偏心缺陷得到矫正，试件翼缘应变与理论值相符。

盖板应变分布规律与翼缘分布相似，趋势也相似，表明盖板的应力是均匀分布的，且螺栓滑动后更趋于均匀。

② 荷载-位移曲线

试件加载全过程的荷载-位移曲线如图 9.1-25 所示，横坐标 P 表示荷载，纵坐标 δ 表示位移。从图中可以看出：

外力未达到螺栓摩擦力时，螺栓未滑动，试件的变形为试件本身的弹性变形，荷载-位移曲线基本呈线性关系且试件本身的变形很小。

当外力荷载超过螺栓摩擦面所能承受的摩擦力时,螺栓开始滑动且滑动过程较快,外荷载减小;螺栓滑动后改用位移来进行加载。

曲线中各上升段表示螺栓均匀滑动,下降段荷载降低但位移持续增加表示出现新的螺栓滑动,图 9.1-25 中的上升下降点表明各处螺栓交替开始滑动;当螺栓滑动至椭圆形螺栓孔另一侧时,停止滑动,试件依靠螺栓杆承受剪力来抵抗外力荷载,外力荷载持续增加,此时螺栓均滑动到螺栓孔的另一侧。但由于试件加工时的问题,当螺栓滑动到螺栓孔另一侧时,试件 ZY-1 总的实际变形为 177.18mm,与设计位移 160mm 相差 10.7%;试件 ZY-2 螺栓预应力过高致使弯曲严重。但试件可缩,而且加载时螺栓滑动过程中还能保证一定的抗剪承载力,这表明本文设计的高强度螺栓连接节点的构造能满足节点的受力要求。

从图 9.1-25 可以看出,螺栓滑动后,阻力相对稳定,能够在抵御外力的情况下进行一定的可缩变形,试件 ZY-1 和 ZY-2 承载力分别稳定在

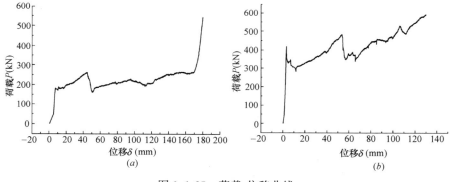

图 9.1-25　荷载-位移曲线

（a）试件 ZY-1；（b）试件 ZY-2

200kN 和 400kN 左右,与理论计算值相接近;出现新的滑动时阻力稍有下降,之后保持稳定。

③ 螺栓净滑动量

最终测量到试件 ZY-1 螺栓的净滑移量为 171.05mm,比设计值160mm 要大。主要原因是构件制作的偏差使得螺栓孔的长度大于设计值。试件 ZY-1 螺栓滑移量如图 9.1-26 所示。从图 9.1-26 中可以看出,螺栓滑动后,阻力相对稳定,能够变形可缩的同时还可提供足够的承载力;出现新的滑动时阻力稍有下降,之后保持稳定。试验最终时,荷载突然上升幅度较大,表明螺栓的滑移量已到极限。

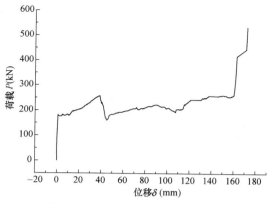

图 9.1-26　试件 ZY-1 螺栓滑移量图

④ 螺栓位置处构件的应变情况

如图 9.1-27 所示，S1～S4 和 S9～S12 为螺栓位置处的应变片。而 S1～

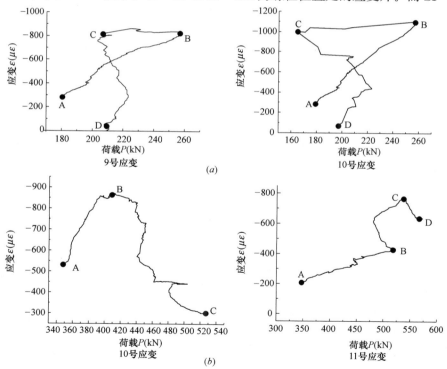

图 9.1-27　试件 ZY 应变随荷载变化图

（*a*）试件 ZY-1 ；（*b*）试件 ZY-2

S4 号处螺栓随翼缘一起滑动,螺栓未滑动过 S1~S4 号应变片,因此其应变大小没有突变;S9~S12 号应变为上部螺栓处的应变,螺栓与盖板一起滑动,上部螺栓滑动后螺栓逐渐经过 S9~S12 号应变片,相应位置处的应变会逐渐变小。

从图 9.1-27 中可以看到整个加载过程构件应变的发展变化大致可以分为两个阶段:上部螺栓未滑动时,应变与荷载呈线性关系;螺栓滑动后,应变与荷载为非线性关系且荷载增大时应变逐渐减小直至为 0,此时螺栓已滑过应变片所在位置。

试件 ZY 应变随位移变化图如图 9.1-28 所示。

从图 9.1-28 中可知试件 ZY-1 左上部螺栓滑动时刻基本一致。其中:AB_1(AB_2)段为荷载稳定上升阶段;B_1C_1(B_2C_2)段为下部螺栓滑动荷载变化阶段;C_1D_1(C_2D_2)段 C 点为上部螺栓开始滑动点,螺栓滑动后应变大小逐渐变为 0。从图 9.1-28 中可以看到试件 ZY-2 10 号应变为左上螺栓,开始滑动后应变逐渐减小变为 0;而 11 号应变为右上螺栓,其螺栓滑动量较小并未滑过应变片位置。同样从图中可知左上与右上部螺栓滑动时刻不一致。位移到达 73mm 时,左上螺栓滑动;位移增大为 115mm 时,右上螺栓滑动。

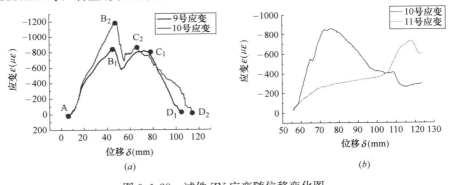

图 9.1-28　试件 ZY 应变随位移变化图
(a) 试件 ZY-1;(b) 试件 ZY-2

⑤ 试验中存在的问题

在理论计算中,外力荷载达到 230kN 时,试件 ZY-1 螺栓才开始滑动;外力荷载达到 360kN 时,试件 ZY-2 螺栓才开始滑动。在实际试验中试件 ZY-1 螺栓滑动过早,未达到理论计算值,主要原因是施工人员预紧螺栓时,未按设计要求施加 M16 的预应力,且每组螺栓施加预应力大小不同，螺栓滑动较早。试件 ZY-2 在外荷载为 419.5kN 时螺栓开始滑动，达到理论计算值，该试件螺栓预紧较试件 ZY-1 更标准。

由于试件 ZY-1 加工的不标准，出现相对明显的偏心，导致试件加载时存在双向偏心，且每组螺栓施加力大小不同从而使螺栓滑动不一致，外力荷载达到 183.2kN，左下位置和右上位置螺栓开始滑动，当荷载为 214.5kN，位移为 77.59mm 时，剩余两对螺栓才开始滑动。试件 ZY-2 螺栓预紧力值不同，导致螺栓滑动时刻不一致；在滑动过程中，滑动螺栓交替进行，导致试件出现弯曲，最终弯曲过于严重不能继续加载。

试件 ZY-1 螺栓滑动总量 160mm，螺栓实际滑动量大于此值，原因为厂家开孔不标准，孔较长所致。试件 ZY-2 中间端板连接部分刚度较小，虽有加劲肋，但连接端板带着部分腹板鼓出，连接形式有待今后进一步改进。

9.1.6　套筒连接可缩性节点轴压试验

1. 加载方案

试件 MC 竖直放置，单点加载。试件长度为 1494mm，加载设备净空满足要求。试件 MC 加载图如图 9.1-29 所示。轴压试件中间设置了钢丝绳，防止倾倒。

试件未滑动前采用试验力控制，加载步数较多，滑动后停止加载，观察现象。滑动过程中采用位移控制加载，观察加载情况，及时记录试验现象。

2. 测点布置

布置了两排应变片，试件 MC 应变片编号图如图 9.1-30 所示，S 表示应变片，共有 13 个应变片，加载过程中仪器记录各应变片的应变。

没有布置位移传感器，加载设置能采集到试件底部的位移，即试件总的变形量。

试件 MC 现场加载图如图 9.1-31

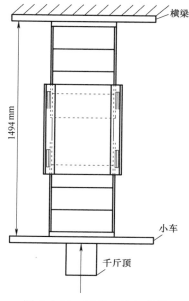

图 9.1-29　试件 MC 加载图

所示。

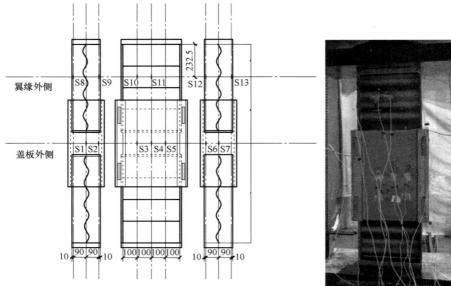

图 9.1-30　试件 MC 应变片编号图（mm）

图 9.1-31　试件 MC
现场加载图

3. 试验现象、结果与分析

（1）试验现象

试件靠楔子摩擦力抵抗外荷载。荷载较小时无明显现象，底部位移随荷载增加基本呈线性增加，亦无声响。

闭环控制采用力控制，未滑动前荷载-位移曲线基本为线性。继续加载到 81.8kN 时，出现"蹭"的响声，荷载突然减小，位移增加较快。

改用位移控制进行加载，位移增加荷载增加，且在加载过程中持续有"蹭蹭"响声，为试件相对滑动声。

在试件滑动过程中，荷载基本保持稳定；位移为 144mm 时，荷载开始持续稳定上升，这说明两侧波形钢腹板试件已经开始接触，已不能继续滑动，最终加载到 1000kN，位移基本不变，停止加载并进行卸载。试件 MC 试验前后现场变形对比如图 9.1-32 所示。

（2）结果及分析

① 荷载-位移曲线

试件 MC 荷载-位移曲线如图 9.1-33 所示。其中纵坐标 P 表示荷载，横坐标δ表示位移。

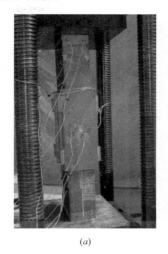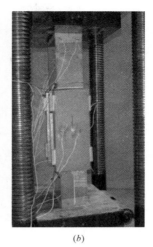

（a）   （b）

图 9.1-32   试件 MC 试验前后现场变形对比图

（a）试验前；（b）试验后

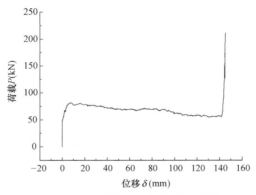

图 9.1-33   试件 MC 荷载-位移曲线

从图 9.1-33 中可以看出，摩擦试件滑动过程可分为以下几个阶段：外力未达到摩擦力时没有出现滑动，试件的变形为试件本身的弹性变形，荷载-位移曲线基本呈线性且试件的变形几乎为零；当外力荷载超过所能承受的摩擦力时，开始滑动，且滑动过程较快，外力荷载基本保持稳定状态，如图 9.1-33 中平行段所示；曲线最后滑动至量程时，停止滑动，两侧波形钢腹板接触，外力荷载持续增大，而且在螺栓滑动的过程中还能保证一定的摩擦力，证明此种设计方法可行。

② 此次试验中存在的主要问题

试件滑动时外力较小，即楔形件连接的可缩性节点易滑动。

设计滑移量为 160mm，但实际滑移量为 144mm，即试件制作有偏差。套筒连接的可缩性节点的可缩量由两侧波形钢腹板的距离决定，故对试件加工有较高要求。

试件连接部分为套筒，在一定程度上增加了一些用钢量。

试件在滑动过程中能保证有一定的摩擦承载力，且能有一定变形量。

9.2 可缩性节点压弯试验

为了考察高强度螺栓连接的波形钢腹板可缩性节点滑动及受力性能，在前一章我们进行了 1 个半侧可缩轴压试验，2 个两侧可缩性轴压试验。而本章主要对压弯条件下节点的可缩性进行试验研究。设计了 3 个不同偏心距的压弯试验，依据整体马蹄形波形钢腹板支架在围岩下的受力情况确定截面内力及偏心距大小。

通过分析马蹄形断面波形钢腹板支架结构在静水压力下的各节点的轴力及弯矩，得到各个节点偏心距基本处于 0～0.3。故设计压弯试验中包括 3 个压弯试件，试件的偏心距分别为 0.1m、0.2m 和 0.3m；试件相应的编号为 YW-1、YW-2 和 YW-3，测试可缩节点的受力性能。

9.2.1 试件设计

3 个压弯试件除偏心距及加载梁不同外，其余参数均相同，均根据半侧可缩性节点试件 BZY-1 进行了改进，加工中应注意的问题也得到了改善。

以工程经验为依据，此节点设计中以可缩 160mm 进行设计和计算。压弯试件处加载梁的尺寸为腹板高度 $h_w=400mm$，腹板厚度 $t_w=3mm$，翼缘宽度 $b_f=200mm$，翼缘厚度 $t_f=12mm$，螺栓选用 10.9 级 M20 螺栓，盖板厚度为 18mm。

设计压弯试件时由 BZY-1 半侧可缩试件试验改进参数设计。板与盖板之间距离加长到 430mm，加劲肋个数由 3 个减为 1 个，腹板突出长度由 200mm 减到 160mm，翼缘与加劲肋的距离由 80mm 增加到 100mm，盖板厚度由 12mm 增厚到 18mm。

根据《钢结构设计标准》GB 50017—2017[2]，计算螺栓的摩擦及抗剪承载力。试件钢材为 Q345，压弯试件螺栓采用高强度螺栓 10.9 级 M20，即高强度螺栓预应力 $P=155$kN；连接处构件接触面采用喷砂（丸）后涂无机富锌漆，摩擦面的抗滑移系数 $\mu=0.35$，单侧共 8 个。

由文献 [2] 得到，传力摩擦面数 $n_f=1$，受剪面数 $n_v=1$。采用 10.9 级 M20 高强度螺栓。

1. 螺栓计算

单个螺栓滑动力：

$$N_f=0.9n_f\mu P=0.9\times1\times0.35\times155=48.825(\text{kN}) \tag{9.2-1}$$

单个螺栓抗剪承载力：

$$N_v^b=n_v\frac{\pi d^2}{4}f_v^b=1\times\frac{3.14\times20^2}{4}\times310\div1000=97.34(\text{kN}) \tag{9.2-2}$$

$$N_c^b=d\sum t f_c^b=20\times12\times590\div1000=141.6(\text{kN}) \tag{9.2-3}$$

取单个抗剪承载力 $N_v=97.34$（kN）。

由于是压弯状态，单侧翼缘上的螺栓个数为 4，翼缘两侧承担外力大小不同。

节点单侧翼缘螺栓能承受摩擦力：

$$F_f=nN_f=4\times48.825=195.3(\text{kN}) \tag{9.2-4}$$

即翼缘承担外力荷载超过 F_f 时单侧翼缘的螺栓可滑动。

节点单侧翼缘螺栓所能承受的剪力：

$$N=nN_v=4\times97.34=389.36(\text{kN}) \tag{9.2-5}$$

为防止构件在加载过程中被局部破坏，结合半侧可缩试验结果，在试件端部焊接加载梁以实现偏心加载及防止局部破坏。

2. 试件 YW-1

偏心距为 0.1m，从而两侧翼缘所分担的外力荷载分别为：

大的一侧为：

$$P/2+0.1P/0.4=0.75P(\text{受压}) \tag{9.2-6}$$

小的一侧为：

$$P/2-0.1P/0.4=0.25P(\text{受压}) \tag{9.2-7}$$

试件 YW-1 螺栓计算表如表 9.2-1 所示。从表中可以看出，受力较大侧的翼缘螺栓先滑动，而在受力较小侧的翼缘螺栓滑动之前，受力较大侧翼缘的螺栓已被剪断，所以受力较小侧的螺栓不能滑动，试件为单侧可缩。试件 YW-1 尺寸如图 9.2-1 所示。

试件 YW-1 螺栓计算表　　　　　　　　　表 9.2-1

大侧滑动时外力(kN)	大侧螺栓剪断时外力(kN)	小侧滑动时外力(kN)
−297.6	−519.4	−892.8

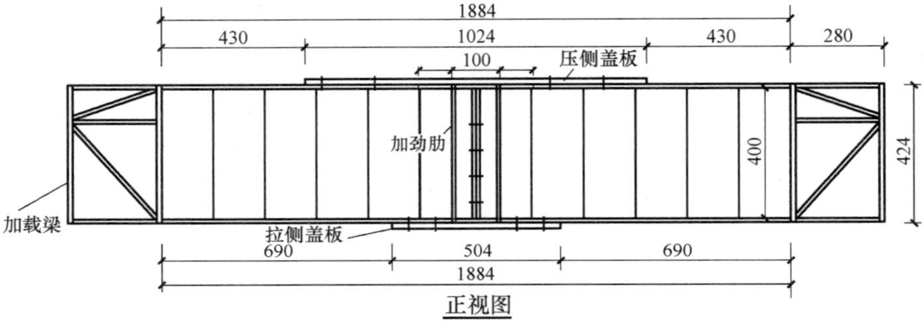

图 9.2-1　试件 YW-1 尺寸图（mm）

而试件 YW-1 的截面承载力大小为[4]：

$$N/2b_f t_f + 0.1N/b_f t_f h_w \leqslant f \qquad (9.2\text{-}8)$$

则轴力的最大值 $N=922$kN；在螺栓杆剪断之前不会发生截面承载力破坏。

3. 试件 YW-2

偏心距为 0.2m，两侧翼缘所分担的外力荷载分别为：

大的一侧：

$$P/2+0.2P/0.4=P(受压) \qquad (9.2\text{-}9)$$

小的一侧：

$$P/2-0.2P/0.4=0 \qquad (9.2\text{-}10)$$

试件 YW-2 螺栓计算表如表 9.2-2 所示。从表中可以看出，受力大侧的翼缘先滑动，而受力小侧的翼缘受力为 0，所以受力小侧的螺栓不能滑动，试件是单侧可缩的，试件 YW-2 尺寸如图 9.2-2 所示。

试件 YW-2 螺栓计算表　　　　　　　　　表 9.2-2

大侧滑动时外力(kN)	大侧螺栓被剪断时外力(kN)	小侧滑动时外力(kN)
−195.3	−389.5	不能滑动

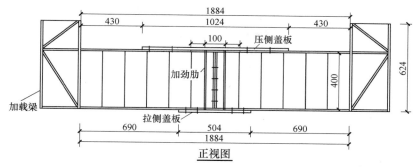

图 9.2-2　试件 YW-2 尺寸图（mm）

而试件 YW-2 轴力的最大值 $N=744\text{kN}$；螺栓杆剪断之前不会发生截面承载力破坏，可缩试件在螺栓被剪断之前不会达到截面承载力。

4. 试件 YW-3

偏心距为 0.3m，从而两侧翼缘所分担的外力荷载分别为：

大的一侧：

$$P/2+0.3P/0.4=1.25P\text{（受压）} \qquad (9.2\text{-}11)$$

小的一侧：

$$P/2-0.3P/0.4=0.25P\text{（受拉）} \qquad (9.2\text{-}12)$$

试件 YW-3 螺栓计算表如表 9.2-3 所示。从表中可以看出，受力大的一侧翼缘先滑动，受力小的一侧翼缘受拉，受力较小一侧翼缘螺栓滑动之前受力较大一侧翼缘的螺栓已被剪断，所以受力较小一侧的螺栓不能滑动，试件单侧可缩，试件 YW-3 尺寸图如图 9.2-3 所示。

试件 YW-3 螺栓计算表　　　　　　　　　　　　　　表 9.2-3

大侧滑动时外力(kN)	大侧螺栓被剪断时外力(kN)	小侧滑动时外力(kN)
−178.56	−311.6	892.8

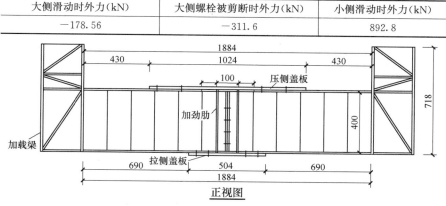

图 9.2-3　试件 YW-3 尺寸图（mm）

而试件 YW-3 的[4] 轴力的最大值 $N=595.2\text{kN}$；螺栓杆被剪断之前不会发生截面承载力破坏，即此可缩试件在螺栓被剪断之前不会达到截面承载力。

9.2.2 材料性能

在压弯试验中，试件 YW-1、YW-2、YW-3 中钢材均选用 Q345 号钢。翼缘、腹板与摩擦试件为同批钢材，材料性能满足要求。

9.2.3 加载方案及测点布置

1. 加载方案

压弯试验采用与轴压试验同样的加载设备，试件竖直放置，在压弯试件的强轴设置铰接约束。铰接约束的高度约为 200mm，避免试件弯曲时翘曲一侧与上部横梁和底部小车接触影响变形，满足试验中试件最大变形的要求。压弯试件长度均为 2444mm，安装后总高度约为 2844mm，加载设备净空满足要求。因试验设备有限，与轴压试验不同，试件安装时试件与横梁之间不留置空间，防止出现危险。滚轴与试件之间设置了垫板防止加载区域被局部破坏。试件 YW 加载图如图 9.2-4 所示。轴压试件中间设置了钢丝绳，顶部由吊车拉着安全带，防止倾倒。

螺栓未滑动前采用试验力控制，加载步数较少，以便捕捉螺栓滑动时刻点。理论计算值分别为 297kN、195.3kN、178.5kN 时螺栓开始滑动，螺栓滑动后停止加载并观察，在滑动过程中采用位移控制加载。

2. 测点布置

试件 YW 应变片布置图如图 9.2-5 所示，共有 16 个应变片，加载过程中记录了各测点

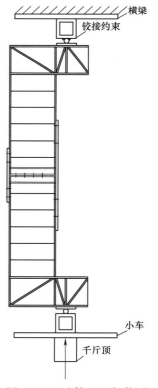

图 9.2-4　试件 YW 加载图

处的应变。其中 S3、S4、S9、S10 号应变片在螺栓附近，当螺栓滑动时，其所在位置截面轴力可能突变，由 0 突变至 $P/2$（P 为加载力的大小），和由 $P/2$ 突变为 0，故相应应变也可能会突变，突变时表明螺栓开始滑动。

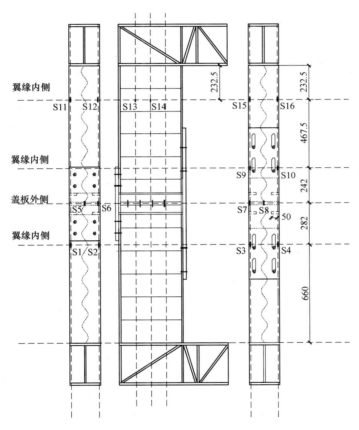

图 9.2-5　试件 YW 应变片布置图（mm）

位移传感器布置了 3 排，D 表示位移传感器（共 5 个），编号如图 9.2-6 所示，加载过程中重点观察 D3、D5 号位移传感器的位移量。加载设备底部位移明显增大、荷载突然减小，同时 D3 和 D5 号位移传感器位移迅速增加，表明螺栓开始滑动。

试件 YW 加载装置如图 9.2-7 所示。

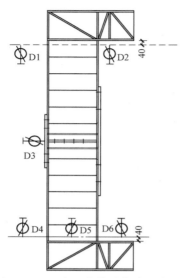

图 9.2-6 压弯试件位移传感器布置图

图 9.2-7 试件 YW 加载装置

9.2.4 试验现象、结果及分析

1. 试验现象

试件 YW-1、YW-2、YW-3 螺栓滑动理论值计算值分别为 297.6kN、195.3kN、178.5kN。荷载较小时无明显现象，底部位移随荷载增加呈线性增加，亦无声响。

闭环控制采用力控制，分别加载到 231.5kN、350kN、164.5kN 时，出现"蹭"的响声，试件 YW-1 和 YW-2 右侧下部螺栓滑动，试件 YW-3 右侧上部螺栓开始滑动。

在加载过程中试件 YW-1 和 YW-3 下部螺栓持续滑动，总位移分别为 75mm、85mm 时螺栓滑动到孔另一侧，上部螺栓开始滑动。试件 YW-2 下部与上部螺栓交替滑动，总位移为 30mm 时下部螺栓开始滑动，总位移达到 50mm 时全部螺栓一起滑动。

加载时 3 个试件中间可缩部分的腹板均因局部变形出现褶皱，腹板压缩变形空间大。

试件 YW-1、YW-2、YW-3 在总位移分别为 160mm、197mm、225mm 时全部螺栓滑动到量程，加载结束，试件 YW-1 和 YW-2 加载过程如图 9.2-8 和图 9.2-9 所示。

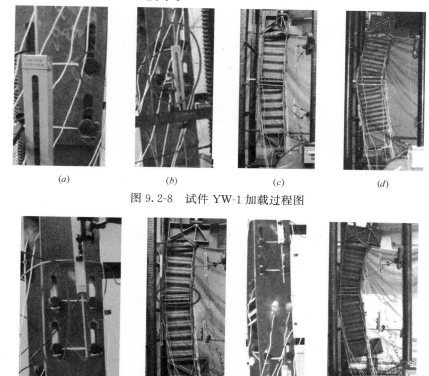

图 9.2-8　试件 YW-1 加载过程图

图 9.2-9　试件 YW-2 加载过程图

2. 结果及分析

（1）截面应力分布

分别提取压弯试件应变片 S11～S16 各阶段数据。绘制波形钢腹板构件腹板和翼缘压弯时的应变分布图，结果如图 9.2-10～图 9.2-12 所示。绘制盖板上的应力分布图如图 9.2-13～图 9.2-15 所示。

① 试件 YW-1

外力荷载为 100kN 时：

受力大侧翼缘应变理论值：

$$0.75N/(b_f t_f E) = 0.75 \times 100000/(200 \times 12 \times 2.06 \times 10^5) \approx 151\mu\varepsilon$$

$$(9.2-13)$$

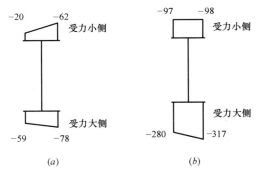

图 9.2-10   试件 YW-1 翼缘应变分布图（με）

（a）100kN；（b）230kN

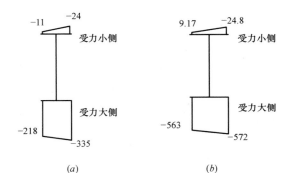

图 9.2-11   试件 YW-2 翼缘应变分布图（με）

（a）200kN；（b）340kN

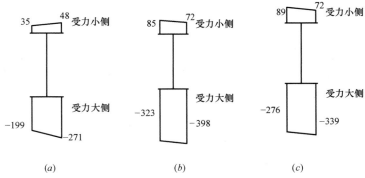

图 9.2-12   试件 YW-3 翼缘应变分布图（με）

（a）100kN；（b）160kN；（c）140kN

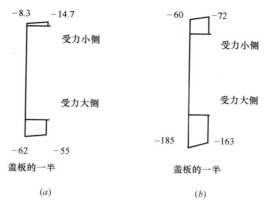

图 9.2-13　试件 YW-1 盖板应变分布图（$\mu\varepsilon$）

（a）100kN；（b）230kN

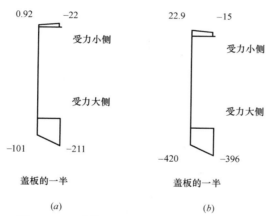

图 9.2-14　试件 YW-2 盖板应变分布图（$\mu\varepsilon$）

（a）200kN；（b）340kN

受力小侧翼缘应变理论值：

$$0.25N/(b_f t_f E)=0.25\times100000/(200\times12\times2.06\times10^5)\approx50\mu\varepsilon$$

$$（9.2\text{-}14）$$

滑动前外力荷载为 230kN 时：

受力大侧翼缘应变理论值：

$$0.75N/(b_f t_f E)=0.75\times230000/(200\times12\times2.06\times10^5)\approx349\mu\varepsilon$$

$$（9.2\text{-}15）$$

受力小侧翼缘应变理论值：

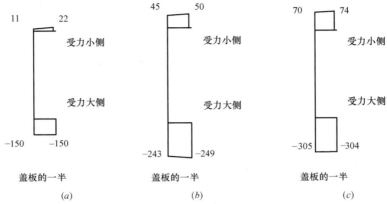

图 9.2-15 试件 YW-3 盖板应变分布图（$\mu\varepsilon$）

（a）100kN；（b）160kN；（c）140kN

$$0.25N/(b_ft_fE)=0.25\times230000/(200\times12\times2.06\times10^5)\approx116\mu\varepsilon$$

$$(9.2\text{-}16)$$

② 试件 YW-2

外荷载为 200kN 时：

受力大侧翼缘应变理论值：

$$N/(b_ft_fE)=20000/(200\times12\times2.06\times10^5)\approx404\mu\varepsilon \quad (9.2\text{-}17)$$

受力小侧翼缘应变大小应为 0。

外荷载为 340kN 时：

受力大侧翼缘应变理论值：

$$N/(b_ft_fE)=34000/(200\times12\times2.06\times10^5)\approx687\mu\varepsilon \quad (9.2\text{-}18)$$

受力小侧翼缘应变大小应为 0。

③ 试件 YW-3

外荷载为 100kN 时：

受力大侧翼缘应变理论值：

$$1.25N/(b_ft_fE)=1.25\times10000/(200\times12\times2.06\times10^5)\approx253\mu\varepsilon$$

$$(9.2\text{-}19)$$

受力小侧翼缘应变理论值为：

$$0.25N/(b_ft_fE)=0.25\times10000/(200\times12\times2.06\times10^5)\approx51\mu\varepsilon$$

$$(9.2\text{-}20)$$

外荷载为 160kN 时：

受力大侧翼缘应变理论值：

$$1.25N/(b_\mathrm{f}t_\mathrm{f}E) = 1.25 \times 16000/(200 \times 12 \times 2.06 \times 10^5) \approx 404\mu\varepsilon$$

$$(9.2-21)$$

受力小侧翼缘应变理论值：

$$0.25N/(b_\mathrm{f}t_\mathrm{f}E) = 0.25 \times 16000/(200 \times 12 \times 2.06 \times 10^5) \approx 81\mu\varepsilon$$

$$(9.2-22)$$

外荷载为 140kN 时：

受力大侧翼缘应变理论值：

$$1.25N/(b_\mathrm{f}t_\mathrm{f}E) = 1.25 \times 14000/(200 \times 12 \times 2.06 \times 10^5) \approx 354\mu\varepsilon$$

$$(9.2-23)$$

受力小侧翼缘应变理论值：

$$0.25N/(b_\mathrm{f}t_\mathrm{f}E) = 0.25 \times 14000/(200 \times 12 \times 2.06 \times 10^5) \approx 71\mu\varepsilon$$

$$(9.2-24)$$

从应变分布图可以看出：波形钢腹板构件受压弯作用时，仅翼缘承受应力，腹板不受力，可认为当波形钢腹板压弯时仅考虑翼缘的贡献，忽略腹板的贡献，这与现有的研究一致。在现有文献中，压弯中的波形钢腹板构件的上下翼缘均匀受力。

试件加工时存在缺陷，有偏心。盖板的应变分布与翼缘应变分布相类似，且盖板比翼缘相对厚一些，故数值相对较小。

（2）荷载-位移曲线

试验全过程的荷载-位移曲线，如图 9.2-16～图 9.2-18 所示。纵坐标 P 表示荷载，横坐标 δ 表示位移。

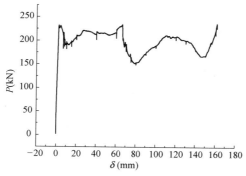

图 9.2-16　试件 YW-1 荷载-位移曲线

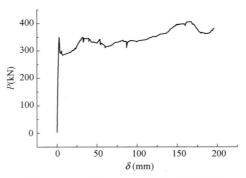

图 9.2-17　试件 YW-2 荷载-位移曲线

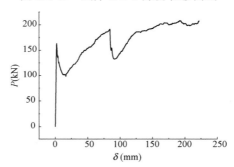

图 9.2-18　试件 YW-3 荷载-位移曲线

螺栓滑动过程可分为以下几个阶段：

① 从图 9.2-16～图 9.2-18 中可以看出，外力未达到螺栓连接的滑动摩擦力时，试件的变形为弹性变形，荷载-位移曲线基本呈线性且变形几乎为零。

② 当外力荷载超过 8 个螺栓所能承受的界面摩擦力时，螺栓开始滑动，且滑动过程较快，外荷载减小。

③ 螺栓滑动后改用位移进行加载。曲线中各上升下降段表明各处螺栓开始滑动。

④ 当螺栓滑动至椭圆形螺栓孔另一侧时，停止滑动，试件依靠螺栓杆承受剪力来抵抗外力荷载，荷载持续增加，最后因试件变形过于严重停止加载。试件可缩，而且在加载期间螺栓滑动的过程中还能保证一定的摩擦力。

（3）荷载-挠度曲线

如图 9.2-19～图 9.2-21 所示，纵坐标 P 表示荷载，横坐标 δ 表示挠度。

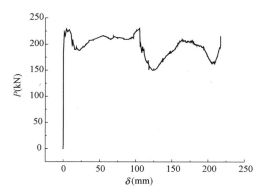

图 9.2-19　试件 YW-1 荷载-挠度曲线

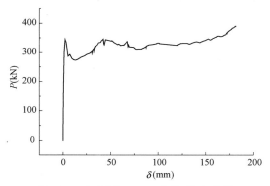

图 9.2-20　试件 YW-2 荷载-挠度曲线

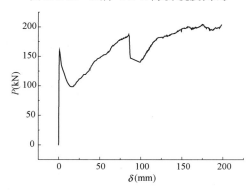

图 9.2-21　试件 YW-3 荷载-挠度曲线

从图 9.2-19～图 9.2-21 中可以看出挠度曲线与试件竖向位移曲线趋

势是一样的，曲线下降段为螺栓滑动荷载下降，挠度迅速增加。试件
YW-1、YW-2、YW-3 的最大挠度分别为 217mm、181.61mm、
198.2mm，而试件 YW-2 的挠度不是最终挠度。

（4）螺栓位置处应变

试件 YW-2 S9 和 S10 号应变片随荷载的变化如图 9.2-22 所示，横坐
标 P 表示荷载，纵坐标 ε 表示应变；试件 YW-3 S9 号应变片随荷载的变
化如图 9.2-23 所示。

从图中可以看到，试件 YW-2 大致可以分为：AB 段为上部螺栓未滑

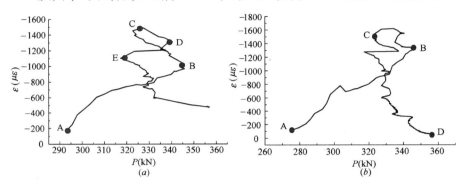

图 9.2-22　试件 YW-2 S9 和 S10 号应变片随荷载变化图

(a) S9 号应变片；(b) S10 号应变片

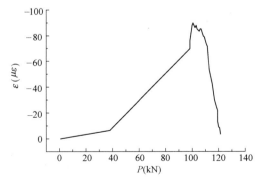

图 9.2-23　试件 YW-3 S9 号应变片随荷载变化图

动时，应变与荷载呈线性关系；BC 段为螺栓开始松动，将要滑动，荷载
变小，相应应变也变小，由于试件变形大，应变片数据有一定差距；CDE
（CD）段为螺栓滑动相对稳定，应变出现减小且至 D 点减为 0，此时螺栓

已滑过应变片所在位置。

应变随位移变化如图 9.2-24 和图 9.2-25 所示，其中横坐标 δ 表示位移，纵坐标 ε 表示应变。从图中可知左上部螺栓滑动基本一致。当位移为50mm 和 20mm 时上部螺栓开始滑动，应变逐渐减小；试件 YW-2 上部各螺栓滑动时刻较一致。

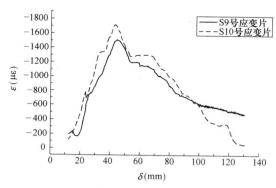

图 9.2-24　试件 YW-2 应变片随位移变化图

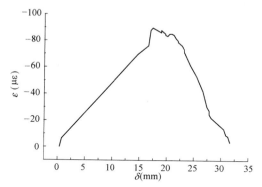

图 9.2-25　试件 YW-3 S9 号应变片随位移变化图

（5）试验存在的问题

在理论计算中，当外荷载达到 297.6kN、195.3kN 和 178kN 时，即达到 8 个螺栓的摩擦力时，试件 YW-1、YW-2 和 YW-3 的螺栓才开始滑动。但在实际试验中试件 YW-1 和 YW-3 分别在荷载为 230kN、164.5kN 时开始滑动，滑动过早，未达到理论计算值。试件 YW-2 在荷载为 350kN 时螺栓滑动，大于理论计算值，螺栓滑动较晚。

9.2.5　压弯试验倾角

压弯试件加载后，试件的参数如图 9.2-26 所示。

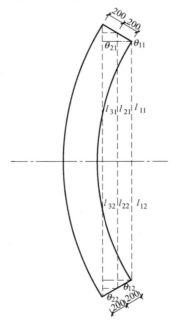

图 9.2-26　试件参数图

经量测，各压弯试件的倾角为：

试件 YW-1：

$\sin\theta_{11}=(l_{21}-l_{11})/200=(892-852)/200=0.20,\theta_{11}=11.5°$

$\sin\theta_{21}=(l_{31}-l_{21})/200=(942-892)/200=0.25,\theta_{21}=14.4°$

$\theta_1=13°$

$\sin\theta_{12}=(l_{22}-l_{12})/200=(900-862)/200=0.19,\theta_{12}=11°$

$\sin\theta_{22}=(l_{32}-l_{22})/200=(942-897)/200=0.225,\theta_{22}=12.1°$

$\theta_2=11.6°$

试件 YW-2：

$\sin\theta_{11}=(l_{21}-l_{11})/200=(897-852)/200=0.225,\theta_{11}=13°$

$\sin\theta_{21}=(l_{31}-l_{21})/200=(942-897)/200=0.225,\theta_{21}=13°$

$\theta_1=13°$

$$\sin\theta_{12}=(l_{22}-l_{12})/200=(900-862)/200=0.19,\theta_{12}=11°$$
$$\sin\theta_{22}=(l_{32}-l_{22})/200=(942-897)/200=0.225,\theta_{22}=12°$$
$$\theta_2=11.5°$$

经计算，各试件的上下倾角在 12°左右。各压弯试件偏心距不同，而各试件的倾角大小很接近。表明此压弯试件的变形基本为螺栓滑动引起的变形，试件的挠度大小和试件的倾角大小与螺栓滑动量直接相关。

9.2.6 压弯试验小结

针对波形钢腹板构件可缩性节点在压弯作用下的可缩性能进行了试验，试件除偏心距外其余参数均相同，主要得到以下结论：

（1）波形钢腹板构件在压弯作用下，翼缘承担荷载，腹板基本不承受荷载，且翼缘上的应力均匀分布，与现有文献结果一致。

（2）翼缘两侧盖板应变分布规律与翼缘相同，且盖板应变分布均匀，表明盖板截面应力均匀分布，承担全部荷载。

（3）压弯试件，在外力荷载超过螺栓所能承受的摩擦力时，螺栓开始滑动且滑动速度较快；螺栓滑动过程中有一定的承载力，即能抵抗一定的外力。这表明螺栓连接的可缩节点能满足围岩变形的需要，在保证一定承载力的前提下有一定的可缩性。

（4）试件可缩过程中各螺栓滑动顺序难以保证，这是因为螺栓的预紧力没有按设计要求施加，但不影响试件的受力性能。

（5）压弯试件螺栓孔大小相同，试验结束后，各压弯试件的倾角和挠度相差很小，表明试件的倾角是由于螺栓滑动后构件两侧变形差所致，与加载荷载大小和螺栓摩擦力无关。

（6）试件中间端板连接部分刚度较弱，易出现局部失稳，应进一步改进此类节点连接形式。

9.3 可缩性节点初步设计方法

目前巷道支护主要有两种类型支架：刚性支架和可缩性支架。可缩性支架既能提供一定的承载力，控制围岩变形和防止冒顶、片帮，又有一定的可缩量以适应巷道围岩的变形，防止支架本身遭受破坏，保持巷道的稳定性。可缩性支架可按不同截面形式和支架形状进行细分。工程中常用的可缩性支架为矿用工字钢可缩性支架和 U 形钢可缩性支架。

巷道支护支架应具备"承载并可缩"的性能，支架的工作阻力以及可缩量是最为重要的参数。对于巷道而言，巷道顶底板移进量较小时，可以采用刚性支架；当巷道围岩的移进量较大时，需要采用具有一定可缩性的支架以适应围岩的大变形[5]。

对于可缩性支架来说，支架的连接节点处为刚度相对较小部位，为薄弱环节，设计中要尽量避免。而可缩性节点可缩量越大，支护支架的整体稳定性越差。软岩巷道的支护须遵循"以柔克刚、刚柔结合、缓冲让压、稳定支护"的准则，即"先柔后刚"才能得到支护效果[6]。基于国内外已有的研究成果，本节主要对前两节所进行试验进行分析总结，并综合国内外在可缩性支架方面的研究成果，初步总结出波形钢腹板可缩性节点的初步设计方法以及设计步骤，分别针对三个级别的可缩量小可缩量（100mm以下）、中等可缩量（100～160mm）和大可缩量（160mm 以上）。

9.3.1 针对小可缩量的吸能支架

1. 吸能支架的提出

文献［7］首次提出将抗爆缓冲材料应用于巷道支架中，提出使用支架加吸能材料组成的结构，用来降低和减缓岩爆灾害，将冲击能消耗掉。其工作原理为先提高支架的承载力，同时在支架上设置吸能材料，当灾害发生时，吸能材料可以吸收部分冲击能量，支架也会消耗一部分的能量，岩爆灾害因此得到降低。国内一些学者进行了泡沫铝、泡沫铝稀土合金、泡沫铝硅合金、泡沫镁和泡沫铝纤维合金材料的动力学性能测试。泡沫铝材料压缩破坏后，孔洞被压密实，说明它具有较大的压缩变形空间，材料断口处撕裂，表明泡沫铝材料有较好的韧性。泡沫铝在冲击载荷作用下极限应变较大，缓冲和吸能性能较好，且可提供较大的变形空间。故泡沫铝材料比较适合用于防冲支架。随后模拟了棚索协同支架、U 形钢支架、锚杆支架和吸能支架（巷道衬砌吸能材料），结果发现，U 形钢支架、锚杆支架、棚索协同支架的巷道发生冲击破坏后，都存在不同程度的变形或破坏，而吸能支架发生冲击后整体性较好。

文献［8］进一步介绍了吸能支架相似试验，吸能支架材料采用泡沫铝，刚性支架材料采用钢片，两者形成吸能支架结构体。试验后，巷道顶板岩层先发生裂缝，但由于设置了吸能支架，使得冲击波被吸能材料大量吸收，模型顶面出现贯通裂缝，但对巷道没有任何的影响，由此说明吸能材料吸收大量冲击能量，从而使作用于巷道的冲击能大大减小，且吸能支架使得冲击波作用于巷道更均匀，为巷道支护提供了一种新方法。

吸能材料与围岩体存在耦合作用，吸收大量冲击地压能，降低冲击载荷；吸能材料属于弱刚度材料，能够起到缓冲作用。吸能材料的吸能分为三阶段：第一阶段，主要依靠基体材料即围岩的弹性变形吸收弹性能；第二阶段，基体材料发生屈服变形，主要依靠多孔金属材料来吸收大部分的能量；第三阶段，基体材料破坏而致密，主要是碎片的破坏消耗能量以及碎片间空隙的压缩密实吸收能量，另外能量的吸收也包括碎片在压缩密实过程中摩擦的消耗。

文献［9］基于快速吸能让位防冲击支架的理念，提出了一种特殊形状的防冲击吸能支架构件，可用于巷道防冲吸能液压支架中。其机理为利用构件的快速变形让位的吸能来缓解支架受到的超额冲击，从而可以使支架不受损坏，防止支架体系的失稳破坏，并提出了吸能构件的承载力与吸能简化的计算公式，采用软件分析了构件参数设置的可靠性，并通过准静态压溃试验进行了验证。此种构件的设计与研制，为支架的现场应用以及巷道优化设计提供了一定的参考依据。

2. 吸能材料与波形钢腹板支架结合的吸能支护体系

由以上研究成果可知，泡沫铝吸能性能较好，且与刚性支架结合，能维持支架及巷道围岩的整体性。波形钢腹板支架结构与传统的矿用工字钢以及 U 形钢相比，其承载性能以及经济性能较好[10]。

对于传统可缩性支架，当围岩变形较小时，无须采用可缩性支架，此时对刚性支架的支撑能力有较高要求。因此可根据文献［7］将泡沫铝与波形钢腹板支架相结合，形成吸能支架体系，如图 9.3-1 所示。

吸能材料与波形钢腹板支架共同作用：当作用于吸能材料的荷载超过吸能材料的承载力时，吸能材料压缩变形；当吸能材料压缩后围岩变形稳定，由波形钢腹板支架承担围岩荷载。

3. 应用及存在的问题

保证支架结构在有一定承载力的前提下适应围岩变形的需要，能够维持支架和巷道的整体性，防止灾害的发生，能够一定程度上解决软岩支护

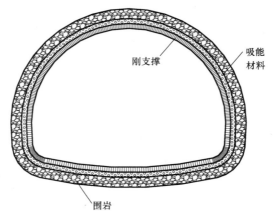

图 9.3-1　吸能支架体系

的难题。

目前仍存在的主要问题：

（1）已有文献中采用泡沫铝作为吸能材料，与刚性支架共同作用形成吸能支架体系。但泡沫铝的刚度较弱，强度较低，在围岩荷载较小的情况下就能够产生压缩变形，在实际工程应用中，需要提高泡沫铝的强度或者找到比泡沫铝强度更高、压缩性能相对较好的材料作为吸能材料。

（2）吸能材料的压缩变形空间较大，能适应围岩变形，但其具体变形量未知。

（3）吸能材料虽然很好地解决了在刚性支架的前提下适应围岩变形需要的难题，但由于采用不可缩性支架，在巷道开挖时巷道尺寸要相应增大。不仅增加了巷道开挖的难度，而且也增加了施工量，使得经济成本提高。

（4）吸能材料与支架结构怎样能够更好地协同工作，共同承担围岩变形荷载及变形，需要进一步深入研究。

9.3.2　中等可缩量波形钢腹板可缩性节点的设计建议

1. 节点设计步骤

（1）设计步骤大致分为以下几步：

① 波形钢腹板支架断面形式的确定。根据巷道类型，以及软岩变形量或工程经验确定巷道断面尺寸，并确定波形钢腹板支架的断面形式。

② 波形钢腹板支架可缩量确定。根据断面形式、软岩变形量以及需要连接段数，确定支架每个拼接节点的可缩量，从而进一步确定螺栓连接节点每个螺栓孔的长度以及连接部分腹板突出的长度。

③ 波形钢腹板支架截面参数的确定。根据巷道尺寸及软岩所需支护的要求，确定支架的承载力。承载力应大于等于巷道所需支护力。根据所需承载力大小以及工程中常用波形钢腹板的尺寸范围，初步确定支架的截面参数。

④ 波形钢腹板支架荷载形式的确定。可将实际围岩形式下的荷载等效为静水压力进行分析。

⑤ 波形钢腹板支架结构内力分析。用有限元软件建模，并进行弹塑性分析，计算支架在整体失稳时的轴力、弯矩和剪力。

⑥ 波形钢腹板支架拼接节点受力情况的确定。根据已有的分析结果，提取各拼接节点内力大小。

⑦ 波形钢腹板可缩性节点可缩形式的确定。分析压弯组合情况下翼缘两侧是否均设计成可缩形式，根据需要设计成单侧翼缘可缩或两侧翼缘可缩。

⑧ 波形钢腹板可缩性节点螺栓的确定。根据拼接部分所能承受荷载大小，及可缩量确定所需螺栓型号、个数；使得螺栓承担荷载大于等于拼接节点所需内力大小，螺栓间距以及边距要符合钢结构设计规范的要求。

⑨ 节点翼缘两侧连接盖板的确定。连接部分的刚度基本为盖板的刚度，所以盖板要厚一些，但也要考虑经济因素，综合确定盖板厚度。

⑩ 波形钢腹板可缩性节点滑动荷载的确定。根据选定的螺栓型号及个数，选择连接处构件接触面的处理方法，确定摩擦面的抗滑移系数，计算螺栓的摩擦承载力。

（2）设计需注意以下几点：

① 要考虑到螺栓施工时，波形钢腹板的翼缘宽度必须能满足螺栓边距的要求，并符合规范要求。

② 选择螺栓型号时，计算出的螺栓摩擦承载力比支架整体失稳时的承载力要小，两者数值不能过于接近；螺栓滑动后，试件可缩。

③ 波形钢腹板可缩性节点可缩量确定时，应注意可缩量由腹板的压缩变形来完成，所以设计中腹板突出部分可能会大于可缩量。

④ 加劲肋与翼缘之间的距离要适当大于可缩量的数值，防止加工中

焊缝尺寸影响预期可缩量。

2. 节点存在的问题

① 螺栓摩擦力的问题。摩擦力大小与施加预应力大小和翼缘与盖板之间接触面的处理方式直接相关。由本书的试验可知：有时很难保证预应力施加均匀，施加值与目标值有一定差距，这直接造成螺栓滑动无顺序且滑动不同步，亦或造成有的螺栓不滑动，影响可缩量，与围岩变形不相适应。因此螺栓连接的拼接节点对施工质量要求较高。

② 螺栓滑动顺序不确定性。同上述 2.① 内容，施工质量造成各个螺栓摩擦力大小不同，螺栓滑动顺序不同，和预期可缩要求有差距。且盖板和翼缘上均开有椭圆形长孔，可能影响盖板及翼缘相对滑动，即滑动过程难以保证，因此需要改进。

③ 连接部分刚度较弱。在波形钢腹板拼接节点，两侧翼缘断开，中间腹板突出，由盖板和翼缘通过螺栓连接两侧波形钢腹板。中间刚度基本依靠盖板的刚度，这造成拼接部分刚度较弱，中间端板容易鼓出面外；整体支架中连接节点成为刚度最弱、最易坏的部分，影响整体支架的受力性能。节点的可缩量越大，支架的整体刚度越弱，需要进一步改进节点的连接形式，加强节点的刚度。

④ 可缩性节点可缩量的问题。波形钢腹板节点的可缩量由盖板与翼缘上所开的螺栓孔大小决定，较易控制，但在实际施工中，开孔大小由施工质量决定，由试验结果可知：施工容易造成可缩量的偏差（偏大或偏小），但差距不是太大。

⑤ 节点拼接部分大变形的问题。由于螺栓滑动，两侧波形钢腹板之间距离减小，压弯试验中试件挠度增大，可缩量达到目标值后节点本身变形较大，因此需要尽量控制这种连接的可缩量。

3. 节点的改进意见

① 螺栓设计改进。每个节点的可缩量为 160mm，使得节点部分盖板较长，节点较笨重，采用双排双列螺栓，费时费力。如果每个节点的可缩量适当减小，采用双列三排甚至更多的螺栓进行连接，增加一排或一排以上螺栓，可使节点承载能力得到提高，如图 9.3-2 所示。

② 椭圆形长孔开孔改进。在盖板以及翼缘上进行开孔，不仅局部削弱了翼缘的刚度，使翼缘开孔处应力集中，而且使得螺栓滑动时摩擦面增大，螺栓滑动较随意。因此可以只在连接盖板上开椭圆形长孔，翼缘上只开螺栓直径大小的孔。这不仅能够增大滑动面，而且翼缘的刚度得到一定

的提高，如图 9.3-3 所示。

③ 中间端板加劲肋改进。中间端板仅有一道横向加劲肋，刚度较弱，端板及突出腹板容易鼓出面外。可在横向加劲肋的基础上增加纵向加劲肋，增加局部的刚度，减小腹板带动端板外鼓的可能性，如图 9.3-4 所示。

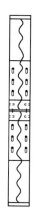

图 9.3-2　双列三排甚至更多的螺栓连接图

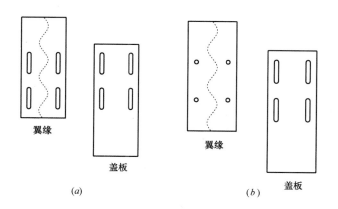

图 9.3-3　椭圆形长孔开孔改进图

（*a*）改进前；（*b*）改进后

④ 适当减小节点的可缩量。围岩变形量较小时可用吸能材料或者可缩性节点与吸能材料协同作用，减小节点的设计可缩量。

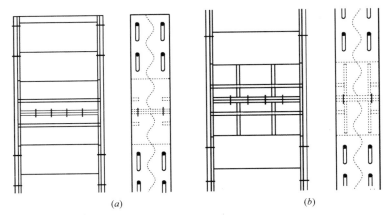

(a) (b)

图 9.3-4　中间端板加劲肋改进

(a) 改进前；(b) 改进后

9.3.3　针对大可缩量的波形钢腹板套筒连接的可缩性支架

第 9.2 节中对波形钢腹板的可缩性节点进行了简单的轴压试验。试验中试件依靠楔子与套筒以及波形钢腹板之间的挤压形成摩擦力，能够适应围岩的大变形需要。支架滑动时的力完全由楔子的紧固程度决定，楔子越紧摩擦力越大。在轴压初步试验中，由于加工粗糙，楔子不够紧固，其摩擦力较弱，滑动时的外力较小，但两端接触后其承受轴压荷载较强。当围岩变形较大，螺栓连接的可缩性支架刚度较弱，不能满足承载力要求时，可采用此种类型的可缩性支架。

1. 楔形件连接的优缺点

优点：

① 设计简单。

② 可缩量易于确定。

③ 滑动过程无多余因素影响。

④ 滑动稳定后承载力较高。

缺点：

① 滑动时摩擦力较小。

② 节点连接笨重。

2. 改进意见

① 增加摩擦力。

② 对端板改进。如图 9.3-5 所示。

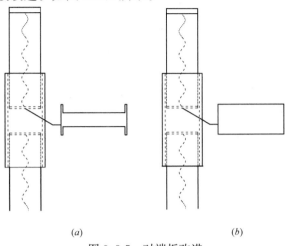

(a)　　　　　　　　　　(b)

图 9.3-5　对端板改进
（a）改进前；（b）改进后

③ 对套筒截面形式改进。如图 9.3-6 所示。

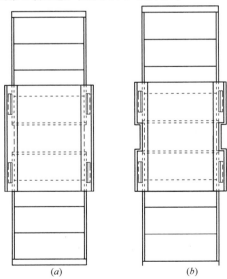

(a)　　　　　　　　(b)

图 9.3-6　对套筒截面形式改进
（a）改进前；（b）改进后

④ 将套筒截面厚度改变。

参考文献

[1] WU lili，YU zhen，ZHANG dongdong. Preliminary study on application of metal members with corrugated webs in the supports of soft rock [J]. Applied Mechanics and Materials，2011，90-93：2380-2388.

[2] 中华人民共和国住房和城乡建设部. 钢结构设计标准：GB 50017—2017 [S]. 北京：中国建筑工业出版社，2017.

[3] 清华大学. 波浪腹板钢结构应用技术规程：CECS 290：2011 [S]. 北京：中国计划出版社，2011.

[4] 张庆林. 波浪腹板工形构件稳定承载力设计方法研究 [D]. 北京：清华大学. 2008.

[5] 何满潮. 中国煤矿软岩巷道支护理论与实践 [M]. 徐州：中国矿业大学出版社，1996，1-5.

[6] 曾正良. 浅谈软岩巷道支护结构的选择 [J]. 煤炭技术，2005，24（5）：60-62.

[7] 潘一山. 抗爆缓冲材料动态力学特性及防冲支护研究 [C]. 新观点新学说学术沙龙文集，2010：123-127.

[8] 吕祥锋，潘一山，李忠华，代树红. 爆炸冲击载荷作用下吸能支护巷道变形规律研究 [J]. 岩土工程学报，2011，33（8）：1222-1226.

[9] 潘一山，马箫，肖永惠，李忠华. 矿用防冲吸能支护构件的数值分析与实验研究 [J]. 实验力学，2014，29（2）：231-238.

[10] 吴丽丽，余珍，张栋栋. 波形钢腹板工型构件与矿用工字钢受力性能对比 [C]. 钢结构，2012增刊：425-432.